Roman und Hannelore Sexl

Weiße Zwerge – Schwarze Löcher

Einführung in die relativistische Astrophysik

2., erweiterte Auflage

Mit 79 Abbildungen und 10 Tabellen

vieweg

Prof. Dr. Roman Sexl war am
Institut für Theoretische Physik der Universität Wien

Dr. Hannelore Sexl unterrichtet Physik und Mathematik
an einem Wiener Gymnasium

1.– 8. Tausend 1975
9.–13. Tausend Januar 1977
14.–17. Tausend November 1979
18.–21. Tausend August 1981
22.–24. Tausend März 1984
25.–26. Tausend Dezember 1985
27.–29. Tausend Januar 1987
30.–31. Tausend September 1990

Der Verlag Vieweg ist ein Unternehmen der Verlagsgruppe Bertelsmann International.

Satz: Vieweg, Braunschweig
Druck und buchbinderische Verarbeitung: W. Langelüddecke, Braunschweig
Gedruckt auf säurefreiem Papier
Printed in Germany

ISBN 3-528-17214-2 (Paperback)

Inhaltsverzeichnis

Vorwort 1

1. Die Grundlagen der allgemeinen Relativitätstheorie 3
1.1. Das Eötvös-Dicke Experiment 4
1.2. Inertialsysteme 4
1.3. Das Äquivalenzprinzip 7
1.4. Die allgemeine Relativitätstheorie 8

2. Die klassischen Tests der allgemeinen Relativitätstheorie 9
2.1. Die Rotverschiebung 9
2.2. Die Lichtablenkung 12
2.3. Die Perihelverschiebung 16

3. Die gekrümmte Raum-Zeit 21
3.1. Das Verhalten von Uhren 21
3.2. Messungen mit Atomuhren 23
3.3. Das Verhalten von Maßstäben 28
3.4. Lichtablenkung und Raum-Zeit-Geometrie 32
3.5. Das Shapiro-Experiment 33
3.6. Der gekrümmte Raum und die Anschauung 35
3.7. Anhang: Uhren im Gravitationsfeld – anders betrachtet 39

4. Sterne und Planeten 40
4.1. Sternentstehung und Gleichgewichtsbedingung 40
4.2. Der Massendefekt 44
4.3. Nichtentartete Sterne 46
4.4. Die Zustandsgleichung entarteter Materie 47
4.5. Die Theorie Weißer Zwerge 51
4.6. Monde, Planeten und Weiße Zwerge 54
4.7. Neutronensterne 57
4.8. Strukturen im Kosmos 60

5. Pulsare 64
5.1. Die Entdeckung der Pulsare 64
5.2. Magnetfeld und Strahlungsmechanismus 69

6. Gravitationskollaps und Schwarze Löcher 70
6.1. Gravitationskollaps 70
6.2. Schwarze Löcher 74
6.3. Das Gravitationsfeld Schwarzer Löcher 77
6.4. Rotierende Schwarze Löcher 80
6.5. Explodierende Schwarze Löcher 82

7. Die Suche nach Schwarzen Löchern 84
7.1. Methoden zur Entdeckung Schwarzer Löcher 85
7.2. Epsilon Aurigae 86
7.3. Doppelsternsysteme als Röntgenquellen 90
7.4. Hercules X 1 – ein neuer Neutronenstern 94
7.5. Cygnus X 1 – ein Schwarzes Loch 96
7.6. Schwarze Löcher in Sternhaufen und Galaxien 99

8. Gravitationswellen 100
8.1. Die Aussendung von Gravitationswellen 100
8.2. Die Messung von Gravitationswellen 104
8.3. Erwartungen und Ergebnisse 105

9. Kosmologie 108
9.1. Das kosmologische Prinzip 108
9.2. Das unendliche, homogene und statische Universum 109
9.3. Kinematik des Universums: Hubble-Gesetz und Welthorizont 110
9.4. Dynamik des Universums: Expansion und Urknall 114
9.5. Geometrie des Universums: die Krümmung des Weltraums 118
9.6. Entscheidung zwischen Universen: Ist das Weltall endlich? 121

10. Kosmogonie und das frühe Universum 126
10.1. Die Entdeckung der kosmischen Hintergrundstrahlung 126
10.2. Strahlung im Universum 128
10.3. Das frühe Universum 130
10.4. Die Entstehung der Strukturen 132
10.5. Zufall oder Notwendigkeit: Sonnensystem und Leben 136

Anleitung zur Lösung der Übungsaufgaben 138

Literaturverzeichnis 146

Bildquellenverzeichnis 148

Personenregister 149

Sachregister 150

Kurzbiographie der Autoren und Veröffentlichungen 155

Vorwort

Die Entdeckung von Quasaren, Pulsaren, Schwarzen Löchern und der kosmischen Hintergrundstrahlung hat die allgemeine Relativitätstheorie und die relativistische Astrophysik in den letzten Jahren zu zentralen Themen physikalischer Forschung gemacht. Aber auch die Fortschritte der Meßtechnik haben dazu geführt, daß die früher dem Experiment fast unzugänglichen Vorhersagen von Einsteins Theorie durch eine Fülle neuer Untersuchungen untermauert und bestätigt wurden. Dem allgemeingebildeten Naturwissenschaftler ist es aber kaum möglich, sich über diese aufregenden neuen Entdeckungen hinreichend zu informieren, da die Lektüre der Fachzeitschriften das Eindringen in die komplizierten mathematischen Techniken der allgemeinen Relativitätstheorie zur Voraussetzung hat. Andererseits gibt es eine Reihe von sehr populären Darstellungen der Ideenwelt der Einsteinschen Theorie, die aber wegen ihrer qualitativen Beschreibungsweise die physikalischen Zusammenhänge nur erahnen lassen.

Für uns war vor allem die Situation des Lehrers Anlaß zur Entstehung dieses Buches: Von seinen Schülern über neue Entdeckungen befragt, kann er auf Grund der populären Darstellungen nur sehr unzureichend Auskunft geben. Auch bietet die übliche Ausbildung des Lehrers, Experimentalphysikers, Astronomen oder Mathematikers an den Hochschulen kaum jemals Gelegenheit, die faszinierende Gedankenwelt der allgemeinen Relativitätstheorie an der Grenze von Mathematik, Physik, Astronomie und Erkenntnistheorie kennenzulernen. Um diesem Mangel abzuhelfen, haben wir vor einigen Jahren begonnen, Kurse und Vorlesungen einzurichten, die die physikalischen Argumente und Probleme der relativistischen Astrophysik korrekt, aber doch ohne höhere Mathematik darstellen. Die Organisation dieser Kurse wurde wesentlich durch Herrn Ministerialsekretär Dr. *Eduard Szirucsek* angeregt, dem wir an dieser Stelle für seine Unterstützung herzlich danken.

Die Lektüre dieses Buches verlangt vom Leser Vorkenntnisse im Ausmaße einer Einführungsvorlesung in die Physik. Zu den Übungsaufgaben, die den Text ergänzen, ist vielleicht zu sagen, daß nur ein Teil der Einübung des Formalismus dient, während andere (wie etwa die Aufgaben 8–11) zur Reflexion über die hier dargestellten Ideen anleiten sollen. Ferner ist anzumerken, daß vor allem in den Abschnitten 7 und 8 Probleme abgehandelt werden, die derzeit Gegenstand intensiver Diskussionen sind. Es ist durchaus möglich, daß die weitere Entwicklung zu einer teilweisen Revision der hier dargestellten Ergebnisse führt. Wir haben uns dennoch entschlossen, diese Ergebnisse aufzunehmen, da der Leser sonst nicht in der Lage wäre, die weitere Entwicklung mitzuverfolgen.

Der Fonds zur Förderung der wissenschaftlichen Forschung hat unsere Arbeit jahrelang in großzügigster Weise unterstützt. Die internationalen Kontakte mit anderen Forschungsgruppen, unter anderem in gemeinsamen Seminaren mit München und Triest, waren für das Zustandekommen dieses Buches unentbehrlich.

Dank schulden wir aber auch der Österreichischen Akademie der Wissenschaft, die im Rahmen des Instituts für Weltraumforschung die Anstellung eines weiteren Mitarbeiters und den Besuch der internationalen Kongresse über Relativitätstheorie in New York und Tel-Aviv ermöglichte. Für die Fertigstellung des Buches waren auch die angenehmen Arbeitsbedingungen während eines Forschungsaufenthaltes im Europäischen Kernforschungszentrum CERN (Genf) wesentlich.

Für die Durchsicht des Manuskripts und viele Ratschläge sind wir den Herren Prof. Dr. *J. Ehlers,* Prof. Dr. *W. Thirring,* Dr. *E. Streeruwitz* und Dr. *H. Urbantke* zu Dank verpflichtet, den Herren *H. Prossinger* und Dr. *R. Beig* für ihre Hilfe bei der Anfertigung der Abbildungen. Frau *F. Wagner* und Fräulein *E. Klug* haben die mühevolle Anfertigung der verschiedenen Manuskriptversionen besorgt. Unser Dank gilt auch den Hörern jener Kurse und Vorlesungen, in deren Verlauf aus ersten didaktischen Versuchen allmählich ein Buch entstand.

Wien 1975 *Roman* und *Hannelore Sexl*

Vorwort zur zweiten Auflage

In den vier Jahren, die seit der Fertigstellung der ersten Auflage dieses Buches vergangen sind, hat die relativistische Astrophysik stürmische Fortschritte gemacht. Die Verbesserung von Atomuhren erlaubt es, die Zeitdilatation nunmehr ohne Schwierigkeiten im Flugzeug zu bestimmen, wobei eine Genauigkeit von rund 1 % erreicht wird. Die Weiterentwicklung der Röntgenastronomie und anderer Beobachtungstechniken hat zu neuen Ergebnissen bei der Suche nach Schwarzen Löchern geführt. Heute vermutet man Schwarze Löcher in den Zentren mancher kugelförmiger Sternhaufen und in aktiven Galaxien.

Die Suche nach Gravitationswellen hat nach einer ersten, stürmischen Entwicklungsphase nunmehr eine solidere Grundlage erreicht. Von neuen Detektorgenerationen erwartet man sich in den nächsten Jahren definitive Ergebnisse. Besonders wichtig ist der indirekte Nachweis der Gravitationswellen, der mit Hilfe des Pulsars PSR 1913 + 16 gelungen ist. Auf theoretischem Gebiet war das vielleicht wesentlichste Resultat, das in den letzten Jahren hinzugekommen ist, die Entdeckung der Strahlung, die von Schwarzen Löchern ausgeht. Es ist allerdings nicht klar, ob diese von *Stephen Hawking* theoretisch vorhergesagte Strahlung auch zu empirisch meßbaren Konsequenzen führen wird.

Durch die Berücksichtigung dieser Neuentwicklung hoffen wir, daß das vorliegende Buch auch in seiner zweiten Auflage als aktueller Führer durch das faszinierende Gebiet der relativistischen Astrophysik dienen kann.

Wien, im Juni 1979 Roman und Hannelore Sexl

1. Die Grundlagen der allgemeinen Relativitätstheorie

In der Physik des 20. Jahrhunderts gibt es drei unbestrittene Höhepunkte, die durch die Jahreszahlen 1905, 1915 und 1925 charakterisiert werden können: 1905 schuf *Albert Einstein* die spezielle Relativitätstheorie, 1915 entstand die allgemeine Relativitätstheorie, und 1925 nahm schließlich die Quantenmechanik ihre endgültige Form an. Seitdem hat die Physik zwar viele Fortschritte gemacht, jedoch keine Theorien mehr gefunden, die in ihrer Bedeutung mit den drei genannten verglichen werden könnten.

Ab 1930 wurden Quantenmechanik und spezielle Relativitätstheorie zur speziell-relativistischen Quantenfeldtheorie vereint. Dieser Ansatz führte zu einer teilweisen Erklärung der Gesetze und Wechselwirkungen der Elementarteilchenphysik, ein Prozeß, der auch heute noch nicht abgeschlossen ist.

Nur eine Wechselwirkung scheint eine geheimnisvolle Ausnahme zu bilden: Um die Gravitationskraft zu verstehen, mußte *Einstein* im Jahre 1915 einen Weg einschlagen, der ihn weit über die Ideen der speziellen Relativitätstheorie hinausführte. Er erklärte die Gravitationskraft durch eine *Krümmung der Raum-Zeit,* während alle anderen Kräfte durch Wechselwirkungen von Teilchen in der flachen Raum-Zeit der speziellen Relativitätstheorie zustande kommen.

Die so entstandene Theorie des Gravitationsfeldes, die *allgemeine Relativitätstheorie,* hat lange Zeit eine sehr isolierte Stellung in der Gesamtphysik eingenommen. Der Grund dafür liegt teils in dem mathematischen Aufbau der Theorie, der sich auf geometrische Konzepte (*Riemannsche Geometrie*) stützt, die sonst in der Physik keine wesentliche Rolle spielen. Daher muß allein zur Erlernung der allgemeinen Relativitätstheorie ein ziemlich komplizierter mathematischer Apparat aufgebaut werden, der sonst keine Verwendung in der Physik findet.

Der zweite Grund für die Isolation der Relativitätstheorie im Rahmen der Gesamtphysik lag in der Schwierigkeit, Experimente zu ihrer Verifizierung zu finden. Die Newtonsche Theorie gab eine für alle praktischen Zwecke hinreichend genaue Beschreibung des Gravitationsfeldes. Lange Zeit konnten außer den drei klassischen Tests der allgemeinen Relativitätstheorie, die in Abschnitt 2 erläutert werden, keine weiteren Möglichkeiten zur experimentellen Überprüfung der relativistischen Gravitationstheorie gefunden werden.

Auch die *Expansion des Universums,* die von *Hubble* 1929 entdeckt wurde, änderte die Situation nicht wesentlich. Das experimentelle Material war viel zu ungenau, um die Aufstellung eines sinnvollen kosmologischen Modells unseres Universums zu ermöglichen. Daher erlosch für einige Jahrzehnte, von etwa 1930 bis 1960, das Interesse an der allgemeinen Relativitätstheorie fast völlig.

Erst um 1960 trat eine Wende ein, da neue technische Möglichkeiten und neue Ideen Wege zur experimentellen Verifizierung der Relativitätstheorie eröffneten, die vorher unzugänglich waren. Das vergangene Jahrzehnt brachte eine Fülle von experimentellen und theoretischen Untersuchungen zur allgemeinen Relativitätstheorie, die zu einer neuen Blüte der Forschung auf diesem Gebiet geführt haben. Der Höhepunkt dieser Entwicklung ist wohl die Physik *Schwarzer Löcher*, die in den Abschnitten 6 und 7 ausführlich dargestellt werden soll.

Wir wollen in diesem Buch versuchen, einen Überblick über alte und neue Probleme und Resultate der relativistischen Astrophysik zu geben. Es wird dabei weder möglich noch notwendig sein, den mathematischen Apparat der allgemeinen Relativitätstheorie voll zu entwickeln. Die dafür benötigte Mathematik wäre zu komplex und umfangreich. Alle zu besprechenden Effekte lassen sich jedoch ihrer Größenordnung nach (also bis auf etwa einen Faktor 3 oder 5 genau) mit einfachen physikalischen Argumenten erfassen. *Das Verständnis des physikalischen Inhalts von Einsteins Theorie ist durchaus auch ohne höhere Mathematik möglich.*

1.1. Das Eötvös-Dicke-Experiment

Bereits in den ersten Wochen des Physikunterrichts lernt man gewöhnlich eine Grundtatsache über die Schwerkraft: Alle Körper fallen im Gravitationsfeld mit der gleichen Schwerebeschleunigung, oder, anders ausgedrückt: *träge und schwere Masse stimmen stets überein* (besser: sind einander proportional).

Wie genau gilt diese Feststellung? Einfache Experimente wurden bereits von *Galilei* angestellt, der zeigte, daß die Schwingungsdauer von Pendeln nicht vom Material, sondern nur von der Pendellänge abhängt. Sehr exakt wurde die Materialunabhängigkeit der Schwerebeschleunigung in einer berühmten Reihe von Versuchen in den Jahren 1890–1922 von Baron *Eötvös* gezeigt: Er konnte die Präzision seiner Experimente im Verlaufe von 30 Jahren so sehr steigern, daß er 1922 die Übereinstimmung von träger und schwerer Masse mit einer Genauigkeit von 10^{-9} beweisen konnte. 1960 bis 1963 wurde das Eötvös-Experiment in Princeton von *Dicke* und seinen Mitarbeitern wiederholt. Dabei wurde die Materialunabhängigkeit der Schwerebeschleunigung sogar mit einer Genauigkeit von 10^{-11} bewiesen. Eine weitere Verbesserung der Meßgenauigkeit um eine Größenordnung gelang im Jahre 1971 einem Team der Universität Moskau unter der Leitung von V. Braginsky.

Aufgabe 1. Zum Eötvös-Dicke-Experiment

In einem Gedankenexperiment werden zwei Kugeln zum Erdmittelpunkt fallen gelassen. Mit welcher Genauigkeit bleiben die Schwerpunkte dabei gemäß dem Eötvös-Dicke-Experiment auf gleicher Höhe?

1.2. Inertialsysteme

Die Übereinstimmung von träger und schwerer Masse ist, wie wir gesehen haben, eine der am längsten bekannten und am genauesten überprüften Grundtatsachen der Physik. Da die Newtonsche Theorie der Gravitation dieses experimentelle Faktum korrekt wiedergibt, fiel lange Zeit niemandem auf, daß hier eigentlich ein bemerkenswerter Tatbestand vorliegt.

Wie bemerkenswert die Materialunabhängigkeit der Fallbeschleunigung wirklich ist, wird klar, wenn man sich den komplexen Aufbau der Materie in Erinnerung ruft: Komplizierte Atomkerne, aus Protonen und Neutronen aufgebaut, werden von reich strukturierten Elektronenhüllen umgeben, die für die Fülle der chemischen Reaktionen verantwortlich sind.

Dennoch fällt jedes Material mit der gleichen Schwerebeschleunigung im Gravitationsfeld. Sollte es nicht einen Grund für diese Tatsache geben? Ist die Theorie der Gravitation nicht so aufzubauen, daß träge und schwere Masse bereits vom Ansatz her ununterscheidbar sind?

Dies sind die Fragen, die *Einstein* zur allgemeinen Relativitätstheorie geführt haben. Dabei ist der Ausgangspunkt zunächst eine Analyse der Konsequenzen des Eötvös-Dicke-Experiments. Diese Konsequenzen wurden am besten in den Fernsehübertragungen aus Raumschiffen, die die Erde umkreisen bzw. auf dem Weg zum Mond waren, klargemacht. In Raumschiffen, die frei im Schwerefeld der Erde bzw. des Erde-Mond- (und auch Sonnen-) Systems fallen, herrscht Schwerelosigkeit: Da alle Körper die gleiche Schwerebeschleunigung erfahren, macht sich das Vorhandensein eines Gravitationsfeldes im Innern des Raumschiffes in keiner Weise bemerkbar.

Alle Körper gehorchen im Raumschiff vielmehr dem ersten Newtonschen Axiom (*Trägheitsgesetz*), da sie sich geradlinig gleichförmig bewegen. Es ist aber gerade das Charakteristikum von Inertialsystemen, daß sich kräftefreie Körper darin unbeschleunigt bewegen.

Wir können den *Grundgedanken der allgemeinen Relativitätstheorie* nunmehr folgendermaßen formulieren:

In einem Gravitationsfeld frei fallende Bezugssysteme sind Inertialsysteme.

Allerdings kann diese Aussage nur in sehr kleinen Raum-Zeit-Bereichen gelten, wie Bild 1 zeigt. In Bild 1a schweben frei in einem kleinen Raumschiff 3 durch Punkte angedeutete Gegenstände, während das Raumschiff die Erde umkreist. In Bild 1b dagegen fallen die Gegenstände, die sich unterhalb des Schwerpunktes eines riesigen

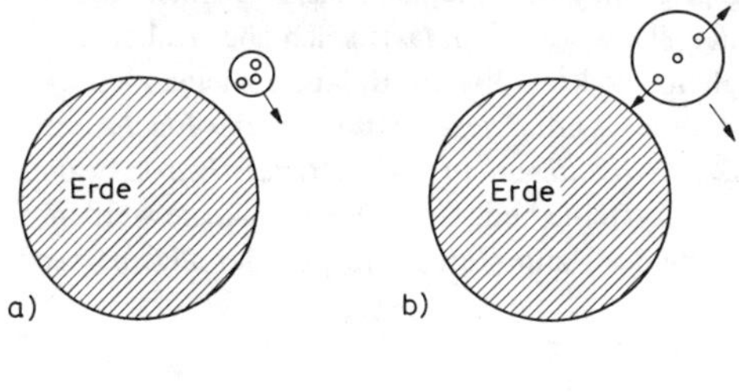

Bild 1
Raumschiffe und Inertialsysteme

Raumschiffes befinden, der Erde zu, die Gegenstände, die oberhalb des Schwerpunktes gelegen sind, werden allmählich von der Erde wegbeschleunigt. Das Riesenraumschiff bildet daher kein Inertialsystem.

Newton | **Einstein**

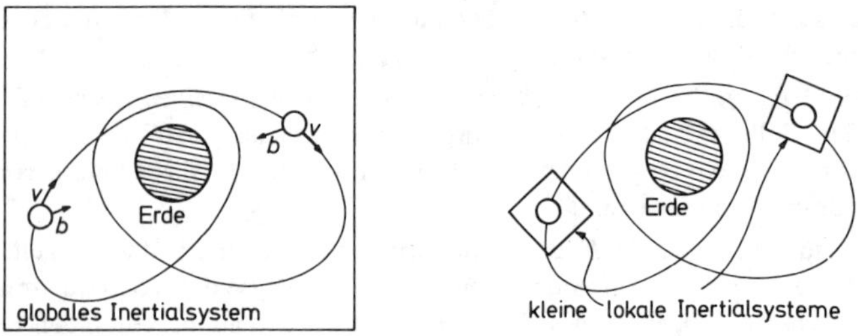

Ein großes, globales Inertialsystem existiert. Darin wirken Gravitationskräfte, die durch die Massenverteilung (Erde) bewirkt sind.

Auf fallende Körper wirkt eine Kraft.

Frei fallende Bezugssysteme sind Inertialsysteme im Kleinen. Die Massenverteilung (Erde) bestimmt die Relation der Inertialsysteme zueinander.

Fallende Körper bewegen sich kräftefrei.

Bild 2. Newtons und Einsteins Auffassung des Gravitationsfeldes

In Bild 2 ist die Newtonsche Auffassung des Gravitationsfeldes mit der Einsteinschen verglichen. Bild 2 zeigt, daß die gegenseitige Relation der kleinen Inertialsysteme zueinander durch die Massenverteilung bedingt ist und im allgemeinen sehr kompliziert sein wird. Anders als in der Newtonschen Theorie (und in der speziellen Relativitätstheorie) werden sich die vielen lokalen Inertialsysteme zu keinem großen, globalen Inertialsystem vereinen lassen.

Ein einfacher, aber sehr wesentlicher Vergleich mag dies weiter erläutern: In Bild 3 ist eine gekrümmte Fläche gezeigt. In jedem kleinen Flächenelement gilt die Geometrie der Ebene. Die kleinen ebenen Flächen lassen sich aber zu keiner großen Ebene vereinen, sondern haben eine komplizierte Relation zueinander, die durch die Krümmung der Fläche bestimmt wird. *Diese Krümmung der Fläche entspricht gerade dem Einfluß der Masse in der allgemeinen Relativitätstheorie,* während die kleinen ebenen Flächen die Inertialsysteme bedeuten. Diese Analogie werden wir in Abschnitt 3 bei der Besprechung des Raum-Zeit-Konzeptes der allgemeinen Relativitätstheorie wieder aufnehmen.

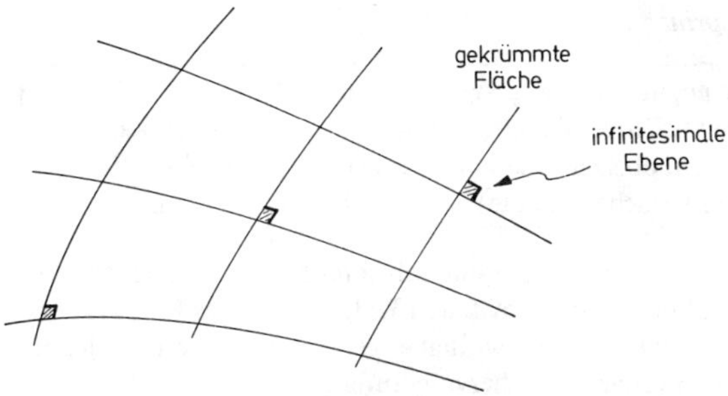

Bild 3. Im Kleinen gilt auf einer gekrümmten Fläche die Geometrie der Ebene. Die Relation der infinitesimalen Ebenen zueinander ist durch die Krümmung der Fläche bestimmt.

1.3. Das Äquivalenzprinzip

Im Gravitationsfeld frei fallende Systeme sind Inertialsysteme im Kleinen. Dies ist die Schlußfolgerung von Abschnitt 1.3, die wir hier noch in anderer Weise illustrieren wollen.

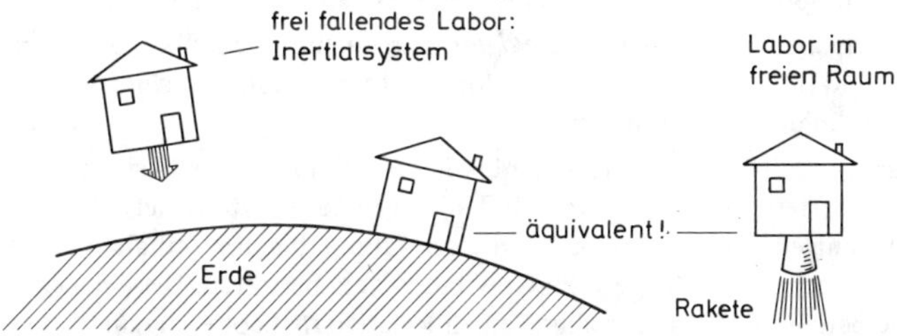

Bild 4. Ein auf der Erde befindliches Labor ist gegen das frei fallende Inertialsystem beschleunigt. Die physikalischen Phänomene sind die gleichen wie in einem von einer Rakete konstant beschleunigten Labor!

Bild 4 zeigt ein auf der Erde ruhendes Labor. Dieses Labor ist gegenüber dem daneben gezeigten, frei fallenden Labor beschleunigt. Es stellt also kein Inertialsystem, sondern ein beschleunigtes Bezugssystem dar. Die physikalischen Phänomene sollten darin folglich die gleichen sein, wie sie in einem Labor beobachtet werden, das auf andere Weise – etwa durch eine Rakete – beschleunigt wird.

Dies ist das *Äquivalenzprinzip:*

Die Vorgänge in beschleunigten Bezugssystemen und in Gravitationsfeldern sind einander äquivalent. Durch Messungen innerhalb eines Labors kann man nicht unterscheiden, ob sich dieses in einem Gravitationsfeld befindet oder aus einer anderen Ursache (Rakete) konstant beschleunigt wird.

Damit wird die Übereinstimmung von träger und schwerer Masse zur Selbstverständlichkeit. Die träge Masse gibt definitionsgemäß den Widerstand eines Körpers gegen Beschleunigungen an. Das Gravitationsfeld wird aber gerade durch die Beschleunigung gegen das frei fallende Inertialsystem hervorgerufen!

Träge und schwere Masse sind in Einsteins Theorie prinzipiell nicht unterscheidbar.

Aufgabe 2. Träge und schwere Masse

Nehmen Sie an, daß ein Molekül entdeckt wird, bei dem sich träge und schwere Masse unterscheiden. Wie stellt man dies fest? Welche Konsequenzen hätte diese Tatsache für die Newtonschen und Einsteinschen Gravitationstheorien?

1.4. Die allgemeine Relativitätstheorie

Auf das Äquivalenzprinzip und die Analogie (Bild 3) mit gekrümmten Flächen aufbauend, war es *Einstein* in fast zehnjähriger Arbeit möglich, eine vollständige Theorie des Gravitationsfeldes, die allgemeine Relativitätstheorie, anzugeben.

Seine Hauptaufgabe war es dabei, die *Feldgleichungen* zu finden, die es gestatten, das Gravitationsfeld (d. h. die Relationen der lokalen Inertialsysteme zueinander) aus der Materieverteilung zu bestimmen.

Die Vorhersagen der allgemeinen Relativitätstheorie stimmen (soweit sie das Sonnensystem betreffen) im allgemeinen mit denjenigen der Newtonschen Theorie überein. Nur in wenigen Punkten ergeben sich Korrekturen, die das Verhalten von Licht bzw. die Bewegung von Körpern im Gravitationsfeld betreffen. Diese neuen Effekte sind die berühmten Tests der allgemeinen Relativitätstheorie, die im nächsten Abschnitt besprochen werden sollen.

Die Feldgleichungen der allgemeinen Relativitätstheorie folgen nicht eindeutig aus dem Äquivalenzprinzip. Sie sind vielmehr die einfachsten Gleichungen, die mit den hier dargelegten Grundideen vereinbar sind. In den Jahrzehnten, die seit der Aufstellung von Einsteins Theorie vergangen sind, wurde eine Reihe anderer Theorien der Gravitation vorgeschlagen (am bekanntesten ist die *Skalar-Tensor-* oder *Dicke-Brans-Theorie,* deren Grundgedanke auf *Pascual Jordan* zurückgeht), die alle auf Einsteins Grundidee, dem Äquivalenzprinzip, aufbauen. Diese Theorien postulieren aber andere, und zwar kompliziertere Zusammenhänge zwischen Materieverteilung und Gravitationsfeld.

In der folgenden Besprechung der Experimente zur allgemeinen Relativitätstheorie werden wir jeweils unterscheiden, ob die Messungen die physikalische Basis der Theorie, das Äquivalenzprinzip, testen oder ob sie auch Aufschluß über den speziellen Zusammenhang geben, den die Feldgleichungen der allgemeinen Relativitätstheorie zwischen Massenverteilung und Gravitationsfeld vorhersagen.

2. Die klassischen Tests der allgemeinen Relativitätstheorie

In diesem Abschnitt sollen die drei klassischen Tests der allgemeinen Relativitätstheorie besprochen werden. Wir werden uns dabei von der Newtonschen Analogie leiten lassen und die drei Effekte nur der Größenordnung nach, aber nicht mit den korrekten numerischen Faktoren herleiten. Zu einer Herleitung auch der korrekten Faktoren bedürfte es nämlich der vollen Feldgleichungen und des aufwendigen Raum-Zeit-Konzeptes der allgemeinen Relativitätstheorie.

2.1. Die Rotverschiebung

Die Rotverschiebung von Lichtstrahlen im Gravitationsfeld der Erde ist derjenige Test der allgemeinen Relativitätstheorie, der am längsten bekannt und am leichtesten zu berechnen ist. Betrachten wir einen Lichtstrahl, der in einem Gravitationsfeld aufsteigt. Das Licht habe die Frequenz ν, so daß die Energie eines Photons im Lichtstrahl $E = h\nu$ ist (h ist das Plancksche Wirkungsquantum). Dieser Energie entspricht eine Masse

$$m = \frac{E}{c^2} = \frac{h\nu}{c^2} \tag{2.1}$$

des Photons (m ist natürlich keine Ruhemasse!).

Die Arbeit, die der Lichtstrahl beim Aufsteigen im Gravitationsfeld zu leisten hat, ist

$$A = m\Delta U, \tag{2.2}$$

wobei ΔU die Differenz des Gravitationspotentials zwischen Anfang und Ende des Lichtweges ist.

Die Photonen kommen daher oben mit der verminderten Energie

$$E' = E - A \tag{2.3}$$

an. Der Energie E' entspricht eine verminderte Frequenz ν', die nach den Gln. (2.2) und (2.3) durch

$$\nu' = \nu \left(1 - \frac{\Delta U}{c^2}\right) \tag{2.4}$$

gegeben ist. Wenn wir die Rotverschiebung durch den Frequenzunterschied $\Delta\nu = \nu - \nu'$ ausdrücken, folgt

$$\boxed{\text{Rotverschiebung: } \frac{\Delta\nu}{\nu} = \frac{\Delta U}{c^2}} \tag{2.5}$$

Diese Frequenzverschiebung wurde seit 1911, als sie *Einstein* erstmals theoretisch vorhersagte, vielfach experimentell untersucht. Man versuchte dabei, die Rotverschiebung der Spektrallinien des Sonnenlichtes bzw. der Spektrallinien von besonders dichten Sternen (weißen Zwergen) zu messen. Dabei ist das Newtonsche Gravitationspotential an der Sternoberfläche (R ist der Sternradius)

$$U(R) = -\frac{GM}{R}, \tag{2.6}$$

und das Potential im Meßpunkt (Erdoberfläche) ist $U \approx 0$. Daher ist $\Delta U = GM/R$, so daß sich aus Gl. (2.5)

$$\frac{\Delta\nu}{\nu} = \frac{GM}{Rc^2} \tag{2.7}$$

ergibt.

Da die linke Seite von Gl. (2.7) dimensionslos ist, muß dies auch für die rechte Seite gelten. Die Größe

$$\boxed{\mathfrak{R} = \frac{2GM}{c^2}} \tag{2.8}$$

muß demnach von der Dimension einer Länge sein. Es ist dies der *Schwarzschildradius der Masse M,* der in der allgemeinen Relativitätstheorie eine zentrale Rolle spielt. Die Rotverschiebung (Gl. (2.7)) des Sternenlichtes nimmt damit die einfache Form

$$\frac{\Delta\nu}{\nu} = \frac{\mathfrak{R}}{2R} \tag{2.9}$$

an. Das Verhältnis von Schwarzschildradius zu Radius eines Objektes ist daher für die Rotverschiebung ausschlaggebend, und es wird sich zeigen, daß dieses Verhältnis auch die anderen relativistischen Effekte bestimmt. Die Kenntnis der Größenordnung von $\mathfrak{R}/R$ ist somit für eine Abschätzung relativistischer Phänomene unerläßlich.

In Tabelle 1 sind die Massen, Radien, Schwarzschildradien und das Verhältnis $\mathfrak{R}/R$ für verschiedene Körper eingetragen ($2G/c^2 = 1{,}5 \cdot 10^{-27}$ m/kg).

Tabelle 1

Objekt	Masse (kg)	Radius (m)	$\mathfrak{R}$(m)	$\mathfrak{R}/R$
Atomkern	10^{-26}	10^{-15}	10^{-53}	10^{-38}
Atom	10^{-26}	10^{-10}	10^{-53}	10^{-43}
Mensch	10^{2}	1	10^{-25}	10^{-25}
Erde	$6 \cdot 10^{24}$	$6 \cdot 10^{6}$	$9 \cdot 10^{-3}$	10^{-9}
Weißer Zwergstern	$2 \cdot 10^{30}$	10^{7}	$3 \cdot 10^{3}$	$3 \cdot 10^{-4}$
Neutronenstern	$2 \cdot 10^{30}$	10^{4}	$3 \cdot 10^{3}$	0,3
Sonne	$2 \cdot 10^{30}$	$7 \cdot 10^{8}$	$3 \cdot 10^{3}$	10^{-6}
Galaxis	10^{41}	10^{21}	10^{14}	10^{-7}

Die Tabelle zeigt, daß für weiße Zwergsterne eine Rotverschiebung $\Delta\nu/\nu \approx 10^{-4}$ zu erwarten ist, ein Effekt, der leicht meßbar sein sollte. Es erwies sich jedoch als ein experimentell äußerst schwieriges Problem, die durch die Gravitations-Rotverschiebung bewirkten Effekte von der Dopplerverschiebung zu trennen, die von der zunächst unbekannten Eigenbewegung des Sterns herrührt.

Genaue *Messungen der Rotverschiebung* wurden erst 1965 möglich, als es *Pound* und *Snider* gelang, die Rotverschiebung von Spektrallinien im Erdschwerefeld mit Hilfe des Mössbauer-Effektes bei einem Höhenunterschied von nur 20 m zu messen. Dabei beträgt die relative Frequenzverschiebung $\Delta\nu/\nu$ nur $2{,}5 \cdot 10^{-15}$. Die Frequenz eines sichtbaren Lichtstrahls wird daher nur um etwa 1 Hertz abgeändert. Das Experiment von *Pound* und *Snider* wurde seither einige Male wiederholt, wobei es gelang, die Genauigkeit der Messung bis auf 1 % zu steigern. Die Rotverschiebung von Spektrallinien ist damit einer der genauesten Tests der allgemeinen Relativitätstheorie.

Leider ist gerade dieser Test nicht sehr aussagekräftig. Die Formel (2.5) ist nämlich ein (fast) exaktes Resultat[1]), das wir ohne Kenntnis der allgemeinen Relativitätstheorie nur aus Gründen der Energieerhaltung herleiten konnten. Auch die quantentheoretischen Annahmen, die wir der Einfachheit halber bei der Ableitung von Gl. (2.5) benützten, sind nicht wirklich notwendig. Das Plancksche Wirkungsquantum *h*, das für die Quantentheorie charakteristisch ist, erscheint ja nicht in der Endformel (2.5).

1) Es gilt exakt für $\mathfrak{R}/R \ll 1$, da es den ersten Term einer Entwicklung in $\mathfrak{R}/R$ darstellt; die Formel für beliebige Werte von $\mathfrak{R}/R$ ist in Abschnitt 6 angegeben.

Aufgabe 3. Pound-Snider-Experiment

Berechnen Sie die Rotverschiebung für Lichtstrahlen, die im Erdschwerefeld (das als homogen genähert werden kann) aufsteigen. Verifizieren Sie die angegebene Größe der Rotverschiebung im Pound-Snider-Experiment. Welche Rolle spielt der Mössbauer-Effekt bei den Rotverschiebungsmessungen?

2.2. Die Lichtablenkung

Wenn sich Licht im Schwerefeld einer Masse bewegt, wird die Bahn des Lichtstrahls durch den Einfluß der Schwerkraft gekrümmt: Auch Licht ist der Schwere unterworfen, wie wir bereits festgestellt haben. Beim Durchgang durch das Gravitationsfeld eines Sterns (üblicherweise der Sonne) wird das Licht – wie Bild 5 zeigt – aus seiner geraden Bahn um den Winkel δ abgelenkt.

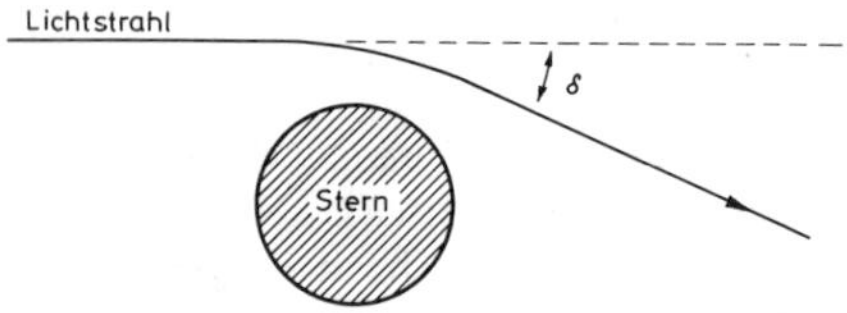

Bild 5
Bahn eines Lichtstrahls im Schwerefeld eines Sterns

Diese Lichtablenkung ist fast ebenso einfach zu diskutieren wie die Rotverschiebung der Spektrallinien im Gravitationsfeld. Allerdings können wir hier das exakte Resultat nicht mehr aus einfachen Überlegungen herleiten, sondern nur die Größenordnung und Art der betrachteten Effekte abschätzen. Daran zeigt sich, daß *die Lichtablenkung ein echter Test der allgemeinen Relativitätstheorie* ist und nicht ohne Kenntnis dieser Theorie genau vorhergesagt werden kann. Tatsächlich hat hier *Einstein* einen bekannten Fehler gemacht, da er versuchte, die Lichtablenkung ohne vollständige Theorie zu berechnen, und sie zuerst (1911) um einen Faktor 2 zu gering vorhergesagt hat. Der Grund dafür ist, daß die Newtonsche Theorie nur für Geschwindigkeiten anwendbar ist, die klein verglichen mit der Lichtgeschwindigkeit sind.

Um die Lichtablenkung an der Sonne zu berechnen, benützen wir eine einfache Näherung, die in Bild 6 erklärt ist.

Auf seinem Weg durch das Schwerefeld erfährt der Lichtstrahl die größte Bahnkrümmung in der Sonnenumgebung. Die dort wirkende Schwerebeschleunigung können wir näherungsweise $g \approx MG/R^2$ setzen (streng gilt dies genau am Sonnenrand). Wir wollen ferner näherungsweise annehmen, daß diese Gravitationsbeschleunigung auf einer Strecke $2R$, also entlang des Sonnendurchmessers, wirksam ist,

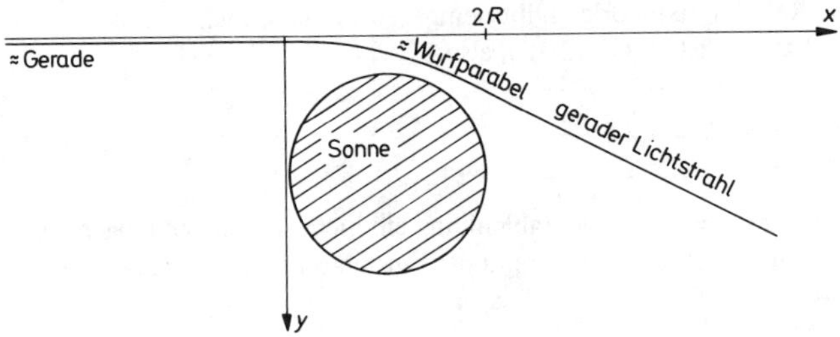

Bild 6. Zur Berechnung der Lichtablenkung

während sich der Lichtstrahl im übrigen geradlinig bewegt (siehe Bild 6). Der Lichtstrahl wird dadurch in einer Wurfparabel abgelenkt, die durch

$$y = \frac{g}{2} t^2, \qquad x = ct \tag{2.10}$$

gegeben ist.

Dabei konnten wir einfach $x = ct$ setzen, da die Geschwindigkeit in der y-Richtung sehr klein ist. Bild 6 zeigt, daß die Lichtablenkung δ durch den Anstieg von $y(x)$ an der Stelle $x = 2R$ gegeben ist:

$$\begin{aligned} y(x) &= \frac{g}{2c^2} x^2 = \frac{GM}{2R^2 c^2} x^2 \\ y' &= \frac{GM}{R^2 c^2} x, \qquad \delta = y'(2R) = \frac{2GM}{Rc^2}. \end{aligned} \tag{2.11}$$

Wir erhalten damit das Resultat

$$\delta_{\mathrm{N}} = \frac{2GM}{Rc^2} = \frac{\mathfrak{R}}{R}. \tag{2.12}$$

Wieder ist das Verhältnis von Schwarzschildradius zu Radius für die Größe des Effektes ausschlaggebend. Der Index N bei δ zeigt an, daß es sich hier um den Newtonschen Wert für die Lichtablenkung handelt, der erstmals von *Söldner* 1801 berechnet wurde und der von *Einstein* 1911 ursprünglich auch erhalten wurde. Unsere einfache Näherungsrechnung hat diesen Wert exakt ergeben, da wir die Gravitationsbeschleunigung zwar etwas zu groß angenommen haben, andererseits aber die Anziehungskraft nur auf der kleinen Strecke des Sonnendurchmessers berücksichtigt haben. Die beiden Fehler, die dadurch entstehen, heben sich gerade auf, so daß das korrekte Newtonsche Resultat aus unserer Rechnung folgt.

Die allgemeine Relativitätstheorie ergibt demgegenüber eine Lichtablenkung, die um einen Faktor 2 größer ist als Gl. (2.12), also:

$$\boxed{\text{Lichtablenkung:}\quad \delta = \delta_E = \frac{2\mathcal{R}}{R}} \tag{2.13}$$

Bis vor wenigen Jahren war die Lichtablenkung ein nicht sehr zuverlässiger Test der allgemeinen Relativitätstheorie. Während die Einsteinsche Formel (2.13) den Wert ($R_\odot = 7 \cdot 10^5$ km ist der Sonnenradius)

$$\delta_E = \frac{2 \cdot 3\ \text{km}}{7 \cdot 10^5\ \text{km}} = 8{,}57 \cdot 10^{-6} = 1{,}75'' \tag{2.14}$$

für die Ablenkung eines Lichtstrahls, der am Sonnenrand entlang streift, vorhersagt, ergaben Messungen, die bei verschiedenen Sonnenfinsternissen[1]) ausgeführt wurden, Werte zwischen 1,5″ bis 2,2″.

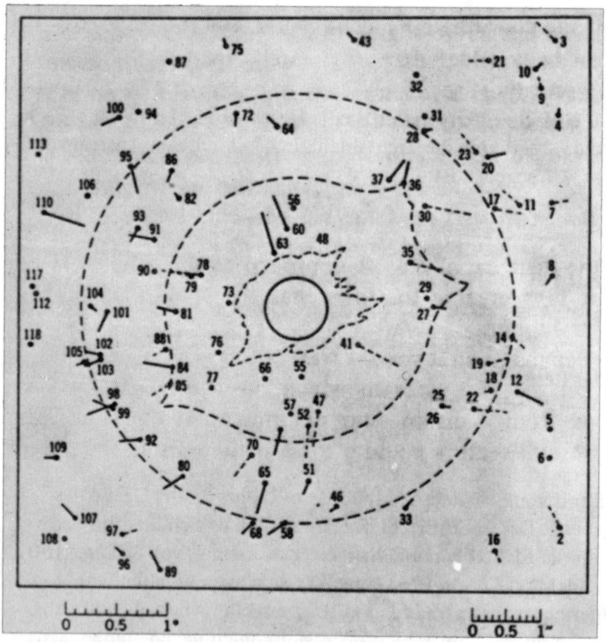

Bild 7. Historische Messung der Lichtablenkung (1922)

---

[1]) Die Messung der Position von Sternen in der Sonnenumgebung ist nur während einer Sonnenfinsternis möglich.

In Bild 7 sind typische Meßresultate gezeigt, die während der Sonnenfinsternis des Jahres 1922 von *Campbell* und *Trumper* gewonnen wurden. Das Bild entsteht durch Übereinanderlegen zweier Photos. Man photographiert einmal die Sterne der Sonnenumgebung während einer Sonnenfinsternis und später das gleiche Sternenfeld bei Nacht. Der Effekt der Lichtablenkung besteht darin, daß die Sterne während der Sonnenfinsternis nach außen verschoben erscheinen, wie aus Bild 8 ersichtlich ist. Diese Verschiebungen sind durch die Striche in Bild 7 ausgedrückt. Dabei ist zu beachten, daß die Verschiebungen stark vergrößert eingezeichnet wurden (siehe die beiden Maßstäbe), da sie sonst mit freiem Auge nicht erkennbar wären.

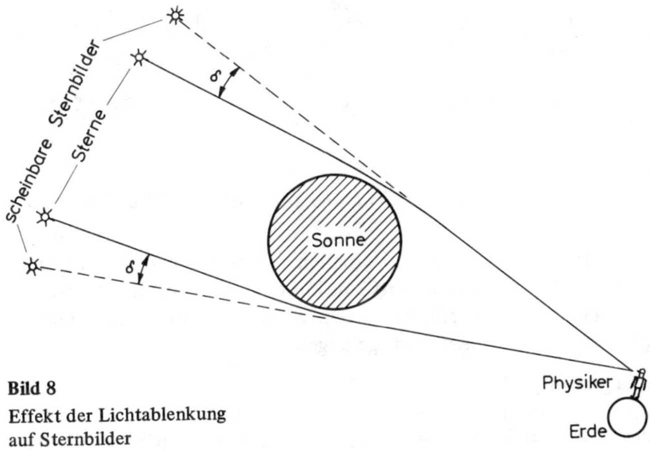

Bild 8
Effekt der Lichtablenkung auf Sternbilder

Bild 9 zeigt die Auswertung der Daten der historischen Messungen von 1922 und 1929. Danach sind die strichliert eingetragenen Vorhersagen der allgemeinen Relativitätstheorie ($\delta = 1{,}75''$ bei $R = R_\odot$) mit den Daten vereinbar, eine gemittelte Kurve (strichpunktiert) führt jedoch auf $\delta \approx 2{,}3''$ für den Sonnenrand.

Während die hier dargestellten Messungen in den nächsten Jahrzehnten nur geringfügig verbessert werden konnten, wurden wesentliche Fortschritte ab 1969 auf radioastronomischem Weg erzielt. Alljährlich am 8. Oktober wird der Quasar 3C 279 von der Sonne verdeckt, wobei die Ablenkung der von diesem Objekt ausgehenden Radiowellen (kurz vorher und kurz nachher) gemessen werden kann.

Das gemittelte Meßresultat der letzten Jahre ist

$$\delta = 1{,}75'' \pm 0{,}03''. \tag{2.15}$$

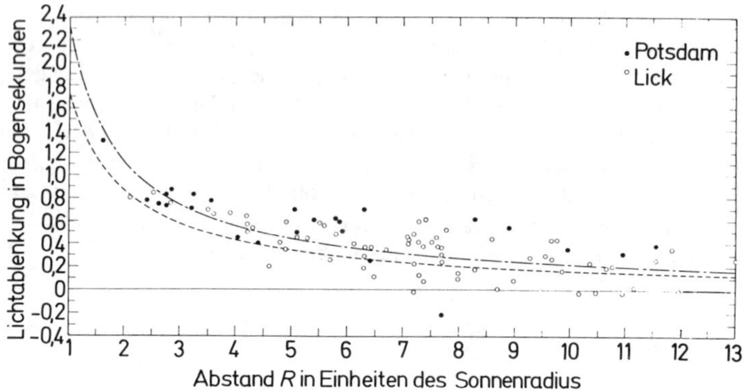

Bild 9. Lichtablenkung als Funktion des Abstandes von der Sonne (historische Daten 1922 und 1929)

Damit ist die von Einstein vorhergesagte Lichtablenkung (Gl. (2.13)) *auf etwa 1 % genau gemessen.*

Eine weitere experimentelle Studie des Verhaltens elektromagnetischer Wellen im Gravitationsfeld werden wir in Abschnitt 3 diskutieren. Auch bei diesem neuen Experiment, dem Shapiro-Experiment, ist eine auf wenige Prozent genaue Überprüfung der allgemeinen Relativitätstheorie gelungen.

Aufgabe 4. Was ist gerade?

Da Lichtstrahlen im Gravitationsfeld gekrümmt verlaufen, erhebt sich die Frage, wie eigentlich „gerade" definiert ist. Diskutieren Sie diese Frage mit Kollegen, und notieren Sie die Antwort. Wir kommen auf das Problem noch zurück. Hier soll die Aufgabe nur zur vorläufigen Orientierung dienen und auf ein Problem hinweisen.

2.3. Die Perihelverschiebung

Die bisherigen Überlegungen haben sich mit dem Einfluß des Schwerefeldes auf die Lichtausbreitung beschäftigt. Der große Erfolg der Newtonschen Theorie liegt dagegen in der Beschreibung der Bewegung von Massen, speziell der Planeten, im Gravitationsfeld. Da die Newtonsche Theorie diese Bewegung sehr genau beschreibt, kann es sich bei den Vorhersagen der Relativitätstheorie nur um eine kleine Korrektur an den klassischen Resultaten handeln.

Diese Korrektur ist die Perihelverschiebung. Nach dem 2. *Keplerschen Gesetz* bewegen sich die Planeten in Ellipsen, in deren einem Brennpunkt sich die Sonne befindet. Die allgemeine Relativitätstheorie korrigiert diese Aussage insofern, als sie

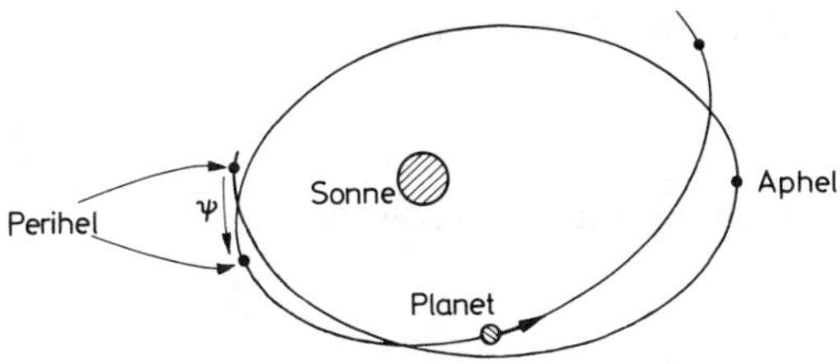

Bild 10
Die Perihelverschiebung

eine rosettenförmige Planetenbahn vorhersagt (Bild 10). Der sonnennächste Punkt der Planetenbahn, das *Perihel,* dreht sich demnach allmählich um die Sonne. Dieser Effekt hat zwei Ursachen, die heuristisch folgendermaßen zu verstehen sind:

Erstens ist bei der genauen Berechnung der Planetenbahn die *speziell relativistische Massenzunahme*

$$m_D = \frac{m}{\sqrt{1 - v^2/c^2}} \tag{2.16}$$

(m ist die Ruhemasse des Planeten) zu berücksichtigen. Diese Massenzunahme liefert einen Beitrag zur Perihelverschiebung.

Der zweite Beitrag zur Periheldrehung ist noch interessanter. Die Sonne ist von einem Gravitationsfeld umgeben. Diesem *Gravitationsfeld entspricht eine Energiedichte* und – nach $E = mc^2$ – folglich auch eine Massendichte, *die zur Anziehungskraft der Sonne beiträgt.* Wir können diesen Effekt durch Vergleich mit den bekannten Verhältnissen beim elektrischen Feld abschätzen.

Elektrostatik		**Gravitation**	
$V_e = \dfrac{Q}{4\pi\epsilon_0 r}$	Potential	$V_g = -\dfrac{GM}{r}$	(2.17)
$E = -\operatorname{grad} V_e$	Feldstärke	$g = -\operatorname{grad} V_g$	
$E_e = \dfrac{\epsilon_0 E^2}{2}$	Energiedichte des Feldes	$E_g = -\dfrac{g^2}{8\pi G}$	(2.18)

Der Vergleich zeigt, daß die Formeln der Gravitationstheorie aus denen der Elektrostatik durch Ersetzung der Ladung Q durch die Masse M und der Dielektrizitätskonstanten ϵ_0 des Vakuums durch $-1/4\pi G$ hervorgehen. Der Vorzeichenunterschied berücksichtigt, daß sich Massen anziehen, während sich gleichnamige Ladungen abstoßen. Einsetzen der Gravitations-Feldstärke

$$\boldsymbol{g} = -\frac{MG}{r^2} \cdot \frac{\boldsymbol{x}}{r} \tag{2.19}$$

liefert für die Energiedichte (Gl. (2.18)) des Gravitationsfeldes

$$E_g = -\frac{1}{8\pi}\frac{M^2 G}{r^4} \tag{2.20}$$

(x ist der Abstandsvektor des betrachteten Punktes von der Masse M, $r = |x|$).

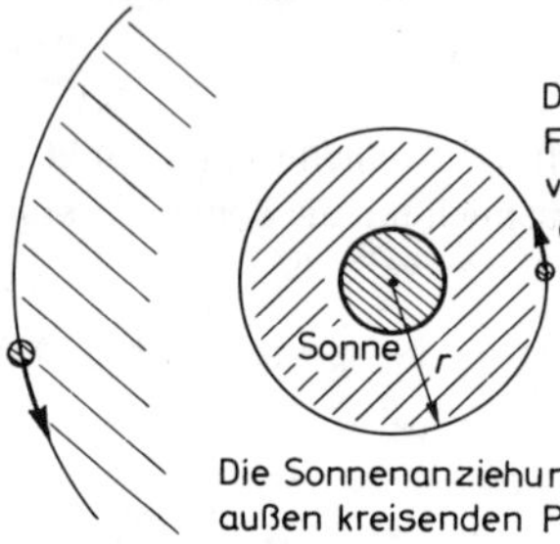

Bild 11
Zur Periheldrehung

Auf einem Planeten, der die Sonne auf einem Kreis mit Radius r umkreist (Bild 11) wirkt daher nicht die volle Sonnenmasse M (die auf einen im Unendlichen kreisenden Planeten wirken würde), sondern eine Masse M_r, die durch

$$M_r = M - \frac{1}{c^2}\int_r^\infty d^3x\, E_g = M + \frac{4\pi}{8\pi}\int_r^\infty \frac{M^2 G}{c^2 r'^4} r'^2\, dr' = M + \frac{1}{2}\frac{M^2 G}{rc^2} \tag{2.21}$$

gegeben ist. (M_r ist größer als M, da ein Teil der negativen Feldenergie nicht auf den Planeten wirkt.)

Der zur Berechnung der Planetenbahnen üblicherweise herangezogene Energiesatz ist daher folgendermaßen zu modifizieren:

$$\underbrace{\frac{m_D v^2}{2}}_{\text{Kinetische Energie}} - \underbrace{\frac{m_D M_r G}{r}}_{\text{Potentielle Energie}} = E. \tag{2.22}$$

Sowohl die kinetische als auch die potentielle Energie ist zu korrigieren. Um die Größenordnung der zur Periheldrehung führenden Korrekturen abzuschätzen, benützen wir folgenden Trick: Für Kreisbahnen (alle Planetenbahnen sind in guter Näherung Kreise) gilt

$$\frac{mv^2}{r} = \frac{MGm}{r^2}, \tag{2.23}$$

oder anders ausgedrückt

$$mv^2 = \frac{MGm}{r}. \tag{2.24}$$

Entwicklen wir die in Gl. (2.16) vorkommende Wurzel und setzen wir den Ausdruck für M_r ein, so erhalten wir

$$\frac{mv^2}{2} + \frac{m}{4}\frac{v^4}{c^2} - \frac{mMG}{r} - \frac{GmM}{2r}\frac{v^2}{c^2} - \frac{mM^2G^2}{2r^2c^2} = E. \tag{2.25}$$

In dem kleinen Korrekturterm, der proportional zu $1/c^2$ ist, können wir die Geschwindigkeit näherungsweise mit Hilfe von Gl. (2.24) eliminieren, und es ergibt sich

$$\frac{mv^2}{2} - \frac{mMG}{r} - \frac{3mM^2G^2}{4r^2c^2} = E. \tag{2.26}$$

Die relativistische Massenzunahme und der Beitrag der Gravitationsenergie zur Sonnenmasse führen zu Korrekturen gleicher Größenordnung im Energiesatz. Die relativistischen Korrekturen ergeben somit ein Zusatzpotential

$$V_Z \approx -\frac{3}{4}\frac{mM^2G^2}{r^2c^2}, \tag{2.27}$$

das zum üblichen Newtonschen Potential $V_N = -MmG/r$ hinzutritt.

Wir können die Größe der Perihelverschiebung leicht abschätzen, die durch das Zusatzpotential bewirkt wird. Während das Newtonsche Potential zur üblichen Kepler-Ellipse führt, also zu einer Drehung des Radiusvektors des Planeten um 2π zwischen aufeinander folgenden Periheldurchgängen, führt das Zusatzpotential zu einer weiteren kleinen Drehung, zur Periheldrehung. Die Größe der zusätzlichen Drehung wird sich zur Normaldrehung 2π etwa so verhalten, wie das zusätzliche Potential zum normalen Potential, also:

$$\begin{aligned} \frac{\psi}{2\pi} &\approx \frac{3mM^2G^2}{4r^2c^2} \Big/ \frac{mMG}{r} \\ \frac{\psi}{2\pi} &\approx \frac{3MG}{4rc^2} = \frac{3}{8}\frac{\mathcal{R}}{r}. \end{aligned} \tag{2.28}$$

Diese Formel gilt allerdings nur der *Größenordnung* nach. Die genauere Rechnung aufgrund der Einsteinschen Feldgleichungen der allgemeinen Relativitätstheorie führt zu folgendem Ausdruck für die Periheldrehung ψ_E:

$$\boxed{\text{Periheldrehung:} \quad \frac{\psi_E}{2\pi} = \frac{3MG}{rc^2} = 1{,}5\,\frac{\mathcal{R}}{r}} \tag{2.29}$$

Unsere einfache Rechnung hat das Resultat größenordnungsmäßig richtig wiedergegeben. Auch die Abhängigkeit vom Bahnradius r haben wir korrekt erhalten (genauer ist für Ellipsenbahnen für r der Wert $r = a(1 - e^2)$ einzusetzen, wobei e die Exzentrizität der Bahn und a ihre große Halbachse ist). Charakteristisch ist, daß der Effekt wieder vom Verhältnis von Schwarzschildradius zu Radius abhängt, wobei diesmal nicht der Radius der Sonne, sondern der Bahnradius für r einzusetzen ist. Die hier betrachteten Effekte sind deshalb noch viel kleiner als die Lichtablenkung, da z. B. der Radius der Erdbahn mit 150.000.000 km etwa 200mal so groß ist wie der Sonnenradius. Allerdings ist die Periheldrehung ein kumulativer Effekt, da sich, Umdrehung auf Umdrehung, das Perihel immer weiter dreht. Dadurch kann die Fülle der über Jahrzehnte gemachten astronomischen Beobachtungen zur experimentellen Verifikation des Effektes ausgenützt werden.

In Tabelle 2 sind die experimentellen Daten mit den theoretischen Vorhersagen verglichen. Dabei ist die jeweils innerhalb von 100 Erdjahren zu erwartende Perihelverschiebung angegeben.

Tabelle 2

Planet	$a(10^6$ km$)$	e	ψ_E	N	ψ_{th}	ψ_{exp}
Merkur	57,91	0,2056	0,1038″	415	43,03	43,11 ± 0,45
Venus	108,21	0,0068	0,058″	149	8,6	8,4 ± 4,8
Erde	149,60	0,0167	0,038″	100	3,8	5,0 ± 1,2
Icarus[1])	161,0	0,827	0,115″	89	10,3	9,8 ± 0,8

(a ist die große Halbachse der Planetenbahn; e ihre Exzentrizität; ψ_E die Periheldrehung (Gl. (2.29)) pro Umlauf; N die Zahl der Bahnumläufe pro Erdjahrhundert; ψ_{th} die theoretische und ψ_{exp} die gemessene Periheldrehung pro Erdjahrhundert.)

Die Genauigkeit der oben angegebenen Meßresultate ist umso bemerkenswerter, als z. B. die gemessene Periheldrehung des Merkur ψ (Merkur) = 5600,73 ± 0,41″ beträgt. Dabei ist ψ (Störung) = 5557,62 ± 0,20 auf bekannte Ursachen zurückzuführen, so daß der oben angegebene Wert 43,11 ± 0,45″ als relativistischer Effekt verbleibt.

Die Periheldrehung des Merkur war bereits seit etwa 1860 bekannt. Ihre Erklärung durch die allgemeine Relativitätstheorie war 1915 der größte Triumph der neuen Theorie.

---

[1]) Icarus ist ein 1949 entdeckter Kleinplanet. Bemerkenswert ist die große Exzentrizität seiner Bahn.

3. Die gekrümmte Raum-Zeit

Die Überlegungen des vorigen Abschnitts erwecken den Anschein, als ließe sich die allgemeine Relativitätstheorie völlig ohne das Konzept der gekrümmten Riemannschen Raum-Zeit verstehen, das bei ihrer Diskussion üblicherweise im Mittelpunkt des Interesses steht.

In diesem Abschnitt soll der Zusammenhang mit den *geometrischen Überlegungen* hergestellt werden, die *Einstein* an die Spitze seiner Ausführungen gestellt hat und die es ihm 1915 ermöglichten, die oben beschriebenen Effekte (Rotverschiebung, Lichtablenkung und Periheldrehung) nicht nur qualitativ zu berechnen, sondern auch mit den korrekten Zahlenfaktoren anzugeben.

3.1. Das Verhalten von Uhren

Unser Ausgangspunkt ist die Theorie der Rotverschiebung. Nehmen wir zwei Atome, die im Gravitationsfeld an zwei verschiedenen Orten ruhen (Bild 12). Das untere Atom sende dabei Licht aus, das beim oberen Atom gemäß

$$\frac{\Delta\nu}{\nu} = \frac{\Delta U}{c^2} \tag{3.1}$$

rotverschoben ankommt, wobei ΔU wie zuvor den Unterschied im Gravitationspotential bedeutet.

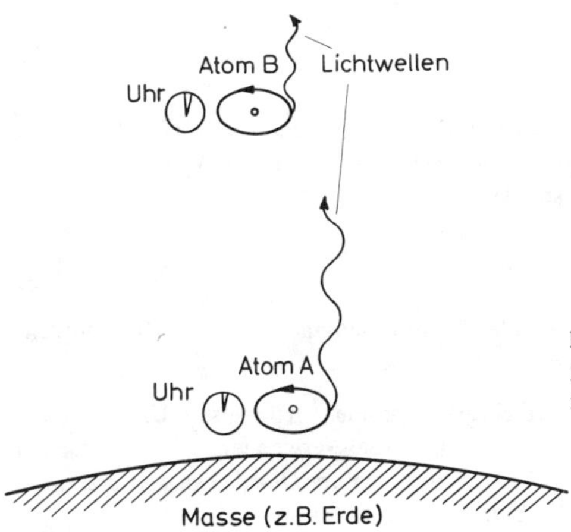

Bild 12
Zum Verhalten von Atomen (Uhren) im Schwerefeld

Die Frequenz ν_0, mit der das Licht das Atom A verläßt, bzw. – im Bohrschen Bild – die Frequenz, mit der das Elektron den unteren Atomkern umkreist, kann als Frequenzstandard für eine in A angebrachte Atomuhr dienen: Jedesmal, wenn das Elektron (bildlich gesprochen) an einer bestimmten Stelle seiner Umlaufbahn angekommen ist, sendet es einen Wellenberg aus und rückt den Zeiger der Atomuhr um 1 weiter.

Das Atom in B sei das gleiche wie das in A und ebenfalls mit einer Atomuhr gekoppelt. Um den Gang der Uhren in A und B zu vergleichen, sendet nun A jedesmal ein Signal nach B, wenn der Zeiger von A um 1 weitergerückt ist, z. B. den oben beschriebenen Wellenberg. In B werden die von A abgesandten Signale mit den von der Uhr in B ausgehenden Signalen (Vorrücken des Zeigers) verglichen. Es zeigt sich dabei gemäß Gl. (3.1), daß das von A ausgegangene Signal eine geringere Frequenz $\nu_1 = \nu_0 - \Delta\nu$ hat als das von B emittierte Vergleichssignal. Da auf dem Weg von A nach B kein Wellenberg verloren gehen kann, muß sich der Zeiger der Uhr in A (dessen Vorrücken das Signal anzeigt) langsamer bewegen als der Zeiger der Uhr B.

Diese Tatsache können wir auch folgendermaßen formulieren:

In der Umgebung schwerer Massen ist der Gang von Uhren verlangsamt.

Während die Uhr B ν_0 Wellenlängen aussendet und somit für B die Zeit $T_B = 1$ s verstreicht, empfängt B nur $\nu_1 = \nu_0 - \Delta\nu$ Wellenberge, die das Vorrücken der Zeiger von A anzeigen. Die Uhr A zeigt daher die Zeitdifferenz

$$T_A = \frac{\nu_0 - \Delta\nu}{\nu_0} T_B = \left(1 - \frac{\Delta\nu}{\nu}\right) T_B = \left(1 - \frac{\Delta U}{c^2}\right) T_B \qquad (3.2)$$

an, während in B die Zeit T_B vergeht.

Als einfaches Beispiel betrachten wir eine im Unendlichen ($U = 0$) ruhende Uhr B und eine im Gravitationspotential $U = -GM/R$ ruhende Uhr A. Nach Gl. (2.9) ist in diesem Fall $\Delta\nu/\nu = \mathcal{R}/2R$, so daß

$$T_A = \left(1 - \frac{\mathcal{R}}{2R}\right) T_B \,. \qquad (3.3)$$

Eine auf der Sonnenoberfläche ruhende Uhr geht demnach um etwa 10^{-6} langsamer als eine auf der Erdoberfläche (wo $U \approx 0$) befindliche!

Fassen wir nochmals zur Verdeutlichung zusammen: Atome sind Uhren (in „Atomuhren“ werden sie auch tatsächlich zu diesem Zweck verwendet). *Die Rotverschiebung der Spektrallinien zeigt an, daß die Uhr „Atom“ auf der Oberfläche schwererer Körper langsamer geht als in großer Entfernung von schweren Massen.*

Dieses fundamentale Resultat wird im Anhang zu diesem Abschnitt nochmals auf andere Weise hergeleitet, und es wird gezeigt, daß Formel (3.3) unabhängig von der Art der benützten Uhr gilt.

Wesentlich bei den obigen Überlegungen ist, daß man den Gangunterschied der beiden Uhren nicht dadurch messen kann, daß man A auf das Niveau von B hebt. Dann fällt ja der Potentialunterschied zwischen A und B weg, und die beiden Uhren gehen gleich schnell (wäre das nicht der Fall, so hätte man keine zwei gleich gebauten Uhren vor sich).

Der Effekt (Gl. (3.3)) kann dagegen gemessen werden, indem man zwei Uhren zunächst am gleichen Ort miteinander vergleicht und einreguliert. Dann bringt man A auf einige Zeit in ein Gravitationsfeld und vergleicht die Uhren A und B später wieder. Die Zeitdifferenz (Gl. (3.3)) spiegelt sich im Uhrenstand wider.

Ein derartiges Experiment wurde 1971 erstmals ausgeführt.

3.2. Messungen mit Atomuhren

Direkte Messungen des Einflusses des Erdschwerefeldes auf den Gang von Uhren schienen noch vor wenigen Jahren ausgeschlossen, da Uhren mit der nötigen Ganggenauigkeit nicht verfügbar waren. Als etwa um 1960 die Genauigkeit der Caesiumuhren so weit gesteigert werden konnte, daß sogar eine Kontrolle der Irregularitäten der Erddrehung möglich wurde, wurden eine Reihe von Vorschlägen für den Einbau dieser Uhren in Erdsatelliten gemacht und auch Vorbereitungen für Messungen von Gl. (3.2) getroffen. Bild 13 zeigt eine derarige Meßanordnung, bei der eine auf der Erde ruhende Normaluhr A mit der Uhr B in einem Satelliten verglichen werden soll.

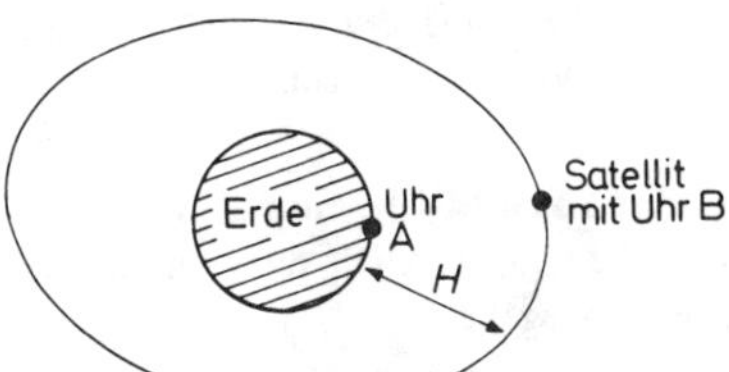

Bild 13
Messungen des Uhrengangs in Satelliten

Da die Satellitenuhr B weiter von der Erde entfernt ist als A, geht B schneller als A. Wenn der Satellit nicht allzu hoch fliegt, können wir den Potentialunterschied $\Delta U = gH$ setzen, wobei H die Flughöhe ist. Daher gilt nach Gl. (3.2)

$$T_A = \left(1 - \frac{gH}{c^2}\right) T_B . \tag{3.4}$$

Dabei ist allerdings angenommen, daß sowohl die Uhr A als auch die Uhr B ruht. Wegen der Erddrehung bzw. der Bewegung des Satelliten ist dies nicht der Fall, so daß noch ein weiterer Effekt auftritt: Die spezielle Relativitätstheorie sagt voraus, daß eine bewegte Uhr um einen Faktor $\sqrt{1-v^2/c^2}$ langsamer geht als ruhende Uhren. Die von Uhr A tatsächlich angezeigte Zeit ist infolgedessen

$$t_A = \sqrt{1-\frac{v_A^2}{c^2}}\,T_A \approx \left(1-\frac{v_A^2}{2c^2}\right)T_A\,, \qquad (3.5)$$

wobei $v_A \approx 1667$ km/h die Geschwindigkeit der Erddrehung ist. Analog gilt

$$t_B \approx \left(1-\frac{v_B^2}{2c^2}\right)T_B \qquad (3.6)$$

für die von der Satellitenuhr angezeigte Zeit t_B. Setzen wir dies in Gl. (3.4) ein, so wird[1])

$$\begin{aligned} t_B &\approx \left(1-\frac{v_B^2}{2c^2}\right)T_B \approx \left(1+\frac{gH}{c^2}\right)\left(1-\frac{v_B^2}{2c^2}\right)T_A \\ &\approx \left(1+\frac{gH}{c^2}+\frac{v_A^2}{2c^2}-\frac{v_B^2}{2c^2}\right)t_A\,. \end{aligned} \qquad (3.7)$$

Der Zeitvergleich zwischen Erduhr und Satellitenuhr läßt daher sowohl die speziell relativistische Zeitdilatation als auch die Effekte des Gravitationsfeldes erkennen.

Während die Vorbereitungen für die komplizierten und teuren Satellitenversuche zur Überprüfung von Gl. (3.7) nur langsam vorangingen, planten die beiden Physiker *Joseph Hafele* (der als derzeitige Adresse das *Research Department* der *Caterpillar Tractor Co.*, Peoria Illinois angibt) und *Richard Keating* von der *Time Service Division* des *U.S. Naval Observatory* in Washington in aller Stille eine Art „wissenschaftliches Lausbubenstück“: Sie stellten nämlich fest, daß die Ganggenauigkeit der Caesiumuhren inzwischen so gestiegen war, daß der Einfluß von Geschwindigkeit und Schwerefeld auf Uhren bereits in gewöhnlichen Verkehrsflugzeugen meßbar sein sollte.

Im Oktober 1971 flogen sie, mit 4 Caesiumuhren ausgerüstet, einmal in westlicher und einmal in östlicher Richtung um die Erde (Bild 14). Die dabei erwarteten relativistischen Zeitunterschiede sind in Tabelle 3 angegeben.

Tabelle 3. Vorhergesagte relativistische Zeitunterschiede (n s)

Effekt	Ostflug B	Westflug B′
Gravitation	144 ± 14	179 ± 18
Geschwindigkeit	- 184 ± 18	96 ± 10
Summe	- 40 ± 23	275 ± 21

[1]) Wir benützen die Näherung $(1-x)^{-1} \approx 1+x$ für $x \ll 1$.

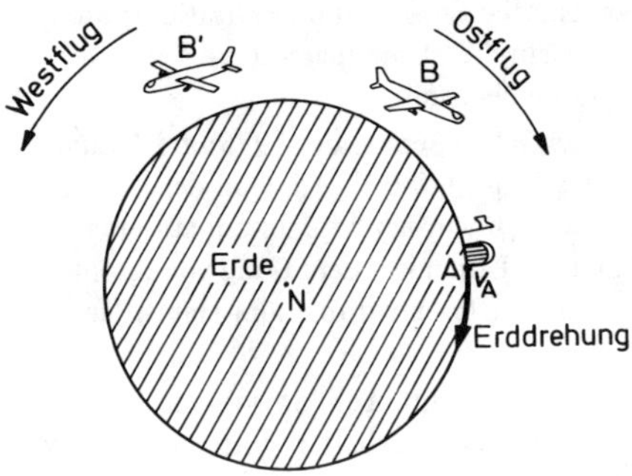

Bild 14
Uhren im Hafele-Keating-Experiment

Die Tabelle gibt den vorhergesagten Zeitunterschied zwischen der im Flugzeug befindlichen Uhr B und der in Washington aufbewahrten Normaluhr A in Nanosekunden an. Zu ihrer Berechnung ist eine genaue Kenntnis der Flughöhe, Zeiten usw. der benützten Flüge notwendig (daher stammen auch die in der Tabelle angeführten geschätzten Fehler).

Die Tabelle zeigt, daß der erwartete Einfluß der Gravitation auf die Uhr für beide Flüge etwa gleich ist, wobei die im Flugzeug transportierte Uhr weniger Gravitationspotentiale verspürt und daher schneller geht.

Auf dem Ostflug bewegt sich die Uhr B schneller als die Uhr A (gegen ein Inertialsystem, in dem die Erde näherungsweise ruht, siehe Bild 14) und geht dabei langsamer als A (− 184 ns). Der Effekt wird jedoch vom Gravitationseinfluß bis auf 40 ns wieder aufgehoben. Auf dem Westflug addieren sich dagegen die Effekte von Geschwindigkeit und Gravitation zu 275 ns. Die Flüge, die ohne allzuviel Vorbereitung in normalen Verkehrsmaschinen der PanAm, TWA und AA zurückgelegt wurden, brachten folgende Ergebnisse (in ns).

Tabelle 4. Meßresultate von *Hafele* und *Keating*

Seriennummer der Uhr	Ostflug	Westflug
120	- 57	277
361	- 74	284
408	- 55	266
447	- 51	266
Mittel	- 59 ± 10	273 ± 7
Theorie	- 40 ± 23	275 ± 21

Die mit einfachsten Mitteln durchgeführte Messung bestätigte daher die Vorhersagen der Theorie auf etwa 10 % genau.

Damit war sowohl der allgemein relativistische Einfluß von Gravitationspotentialen auf Uhren als auch das speziell relativistische „Uhrenparadoxon" erstmals mittels gewöhnlicher, makroskopischer Uhren überprüft.

Ein noch genaueres Experiment wurde zwischen September 1975 und Januar 1976 von einer Forschungsgruppe unter der Leitung von *C. Alley* an der Universität von Maryland durchgeführt. Mit Flugzeugen wurden Atomuhren auf etwa 10 000 Meter Höhe gebracht und der Gang der Uhren mit dem Gang von Atomuhren am Boden verglichen. Nach mehreren Testflügen wurden fünf Hauptflüge von je 15 Stunden Dauer durchgeführt.

Dieses Experiment erforderte langwierige Vorbereitungen. Sowohl am Boden als auch im Flugzeug waren drei Atomuhren in speziellen Behältern untergebracht, welche die Uhren vor Erschütterungen, Magnetfeldern, Temperaturschwankungen und Luftdruckschwankungen schützen sollten. Sowohl die Bodenstation als auch das Flugzeug waren mit einem Computer ausgerüstet, der die Zeitanzeige der Atomuhren, sowie sämtliche Meßwerte und Flugdaten speicherte und auswertete. Das Flugzeug, das sich auf einem fest vorgegebenen Kurs bewegte, wurde ständig mit einem Laserstrahl überwacht. Nach jeweils einer Sekunde wurden die Position und die Geschwindigkeit damit bestimmt.

Die eigentliche Zeitmessung erfolgte auf zwei Arten. Erstens durch direkten Uhrenvergleich vor und nach dem Flug über etwa 20 Stunden hinweg. Zweitens durch einen Vergleich mit Laser-Lichtimpulsen während des Fluges: Laser-Impulse von 0,1 ns Dauer wurden vom Boden zum Flugzeug geschickt, dort registriert und reflektiert und von der Bodenstation neu aufgefangen. Die Zeit, zu der das Signal am Flugzeug eintraf, wurde direkt an den Flugzeuguhren abgelesen. Am Boden wurde diese Zeit aus dem Mittelwert der beiden Zeiten ermittelt, zu denen der Laser-Impuls ausgesandt und wieder empfangen wurde. Dadurch konnte man auch während des Fluges die laufend zunehmende Differenz in den Zeitangaben der beiden Uhren verfolgen. In Bild 15 ist die Abweichung der Zeitanzeige der Uhrengruppe im Flugzeug im Vergleich zur Anzeige der Uhren am Boden dargestellt. Aufgrund des Gravitationseffektes gehen die Flugzeuguhren während des Fluges schneller. Daraus resultiert eine positive Zeitdifferenz von etwa 53 ns. Der relativistische Effekt der Geschwindigkeit führt dazu, daß die Flugzeuguhren etwas langsamer gehen. Da man den Geschwindigkeitseffekt klein halten wollte, benutzte man für die Flüge ältere Turbopropmaschinen, die nur eine Geschwindigkeit von knapp 500 km/h erreichen. So ergab sich aufgrund des Geschwindigkeitseffekts eine negative Zeitdifferenz von etwa −6 ns und damit ein Netto-Effekt von 53 ns − 6 ns = 47 ns. Im Bild 16 werden die aus den Flugdaten berechneten Zeitabweichungen mit den Meßwerten verglichen. Unter Berücksichtigung aller fünf Flüge und unter Einbeziehung sämtlicher Fehlerquellen ergibt sich als Gesamtergebnis

$$\frac{\text{Gemessener Effekt}}{\text{Berechneter Effekt}} = 0{,}987 \pm 0{,}016.$$

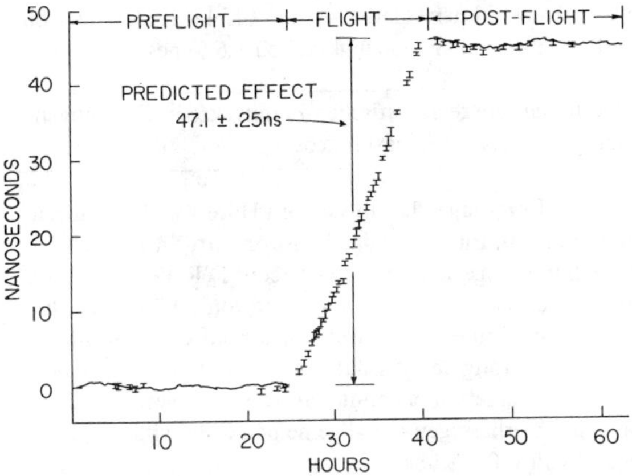

Bild 15. Vergleich der Zeitangaben der Atomuhren im Flugzeug und am Boden im Maryland Experiment. Vor und nach dem Flug weisen die Uhren den gleichen Gang auf. Während des Fluges gehen die Uhren im Flugzeug um rund 47 ns vor.

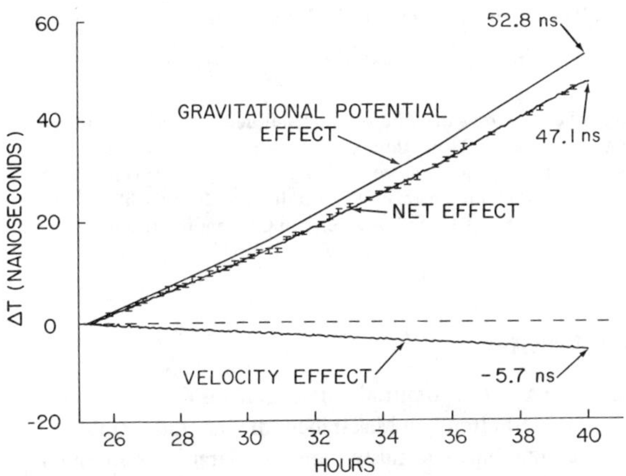

Bild 16. Vergleich der Meßdaten mit den Vorhersagen der Theorie. Der Einfluß des Gravitationspotentials dominiert. Die entsprechende Kurve weist zwei Knickstellen auf, die dem Höhersteigen des Flugzeuges während des Fluges entsprechen.

Damit hat man mit Atomuhren sowohl den relativistischen Effekt der Gravitation, als auch den der Geschwindigkeit mit einer Genauigkeit von 1,6 % bestätigt.

Mit Atomuhren kann man die relativistischen Zeiteffekte in Flugzeugen mit einer Genauigkeit von etwa 1 % bestätigen.

Noch genauere Ergebnisse als in Flugzeugen lassen sich mit Hilfe von Atomuhren in Raketen und in Satelliten erzielen. Eine derartige Messung wurde 1976 von *R. F. C. Vessot* und *M. W. Levine* ausgeführt. Mit einer Scout D Rakete brachten sie einen Wasserstoff-Maser, der als Uhr diente, in eine Höhe von 10 000 km. Die Signale des Masers wurden mit den Zeitangaben zweier Maser auf der Erde verglichen. Die sehr schwierige Auswertung der Meßdaten erforderte mehr als 3 Jahre, da die Flugbahn nicht in allen Einzelheiten bekannt war. Die 1979 veröffentlichten Endergebnisse stimmen mit den Vorhersagen der allgemeinen Relativitätstheorie innerhalb der Meßgenauigkeit von 0,02 % überein.

Aufgaben

5. Hafele-Keating-Experiment

Überprüfen Sie die Größenordnung der Werte der Tabelle 3, indem Sie in Gl. (3.7) für $v_B = v_A \pm v_F$ einsetzen, wobei $v_F \approx 900$ km/h eine durchschnittliche Fluggeschwindigkeit bedeutet. Ebenso sind für H übliche Flughöhen einzusetzen. Welche Ganggenauigkeit von Uhren ist zur Überprüfung von Gl. (3.7) erforderlich, falls der relativistische Effekt auf 1 % genau gemessen werden soll?

6. Das Zwillingsparadoxon

Der Einfluß der Bewegung auf den Uhrengang wird oft auch auf den Menschen verallgemeinert. Ein mit fast Lichtgeschwindigkeit reisender Raumfahrer sollte demnach bei seiner Rückkehr wesentlich weniger gealtert sein als sein auf der Erde verbliebener Zwilling. Ist es gerechtfertigt, auch den Menschen als Uhr zu betrachten, oder erscheint Ihnen dies problematisch? Wie würde man Zeitdilatationseffekte am Menschen feststellen? Ab welchen Größenordnungen wären sie meßbar?

3.3. Das Verhalten von Maßstäben

Während der Einfluß des Gravitationspotentials auf Uhren aus dem Äquivalenzprinzip herzuleiten war, ist das Verhalten von Maßstäben im Gravitationsfeld nicht mit einfachen Argumenten deduzierbar. Wir müssen uns hier darauf beschränken, das von der allgemeinen Relativitätstheorie angegebene Resultat zu studieren.

Die Einsteinschen Feldgleichungen der Gravitation (die das Analogon zu den Maxwellschen Gleichungen des Elektromagnetismus sind) sagen nämlich nicht nur den Einfluß (Gl. (3.2)) des Gravitationspotentials auf Uhren, sondern auch einen analogen Effekt für Maßstäbe voraus (Bild 17).

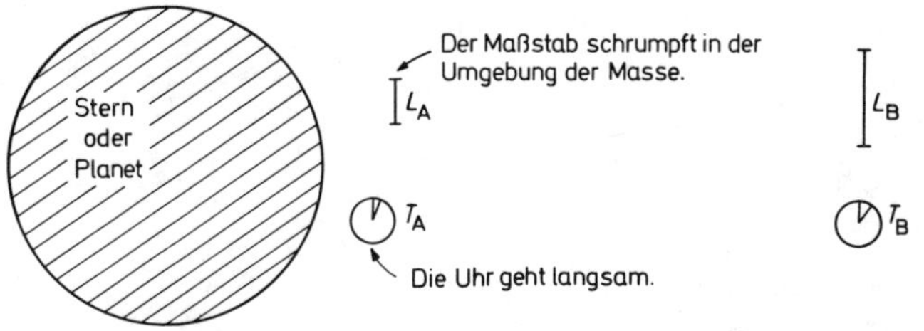

Bild 17. Einfluß des Gravitationspotentials auf Uhren und Maßstäbe

> Ein im Gravitationsfeld befindlicher Maßstab schrumpft um den Faktor $1 - \Delta U/c^2$, so daß seine Länge
>
> $$L_A = \left(1 - \frac{\Delta U}{c^2}\right) L_B \tag{3.8}$$
>
> beträgt.

Speziell ist

$$L_A = \left(1 - \frac{\mathcal{R}}{2R}\right) L_B \tag{3.9}$$

die Länge eines im Abstand R von einer Masse befindlichen Maßstabes, der im Unendlichen (d. h. weit von der Masse) die Länge L_B hat.

Das Schrumpfen eines Maßstabes kann man nicht dadurch nachweisen, daß man einen zweiten Maßstab an die gleiche Stelle des Raumes bringt und vergleicht, denn der zweite Maßstab schrumpft an der gleichen Raumstelle genauso wie der erste und wie alle weiteren, die man hinbringen könnte. Genauso wenig konnten wir die Verlangsamung des Uhrenganges durch Heranbringung weiterer Uhren an den gleichen Ort überprüfen, da auch hier der Effekt universell ist, d. h. alle Uhren gleichermaßen betrifft.

Wie es aber bei den Uhren durch Vergleich des Ganges entfernter Uhren doch möglich war, die Verlangsamung im Gravitationsfeld meßbar zu machen, so kann auch bei Maßstäben der Effekt des Gravitationspotentials (zumindest im Prinzip) sichtbar gemacht werden.

Dazu benützen wir die Tatsache, daß Maßstäbe um so stärker schrumpfen, je näher man sie an schwere Massen heranbringt. Bild 18 zeigt, wie etwa in der Umgebung der Sonne (der Einfachheit halber nehmen wir an, man könnte auch im Sonneninneren messen) die Geometrie des Raumes mit Maßstäben ermittelt werden könnte.

In Bild 18 ist eine Fläche gezeigt, die die Sonne und den umgebenden Raum in zwei genau gleiche Teile schneidet. Auf dieser Schnittfläche ist eine Reihe von Maßstäben aufgelegt, die dazu dienen, Umfang und Radius eines Kreises zu vermessen.

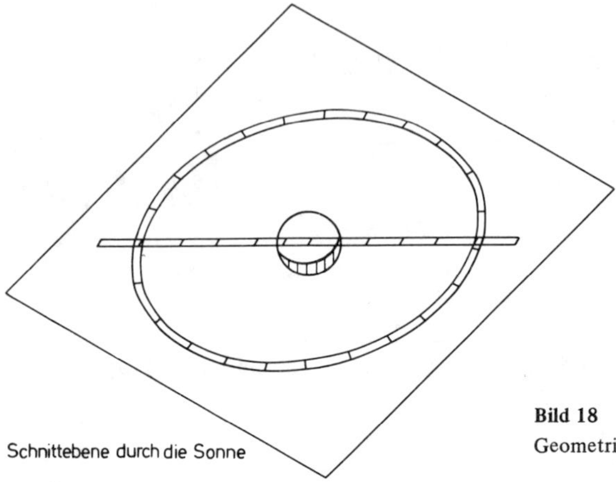

Bild 18
Geometrie in der Sonnenumgebung

Bild 18 zeigt deutlich, daß zur Messung des Radius mehr Maßstäbe erforderlich sind, als es dem Kreisumfang normalerweise entspricht. Liest man Radius a und Umfang u des Kreises wie üblich an der Anzahl der aufgelegten Maßstäbe ab, so ergibt sich ein Verhältnis $u/a < 2\pi$.

Man kann dieses Resultat auf zwei Arten deuten: Wir sind davon ausgegangen, daß die Schnittfläche eine Ebene ist, in der Maßstäbe schrumpfen. Wir haben damit die Struktur des Raumes axiomatisch festgelegt und suchen im Experiment Auskunft über das Verhalten von Maßstäben zu erhalten.

Eine andere Art, die Resultate unseres Gedankenexperimentes zu veranschaulichen, ist für viele Zwecke jedoch bequemer. Da das Schrumpfen von Maßstäben nicht direkt durch Heranbringen weiterer Maßstäbe meßbar ist, können wir alternativ *definieren,* daß ein Maßstab immer die gleiche Länge hat, unabhängig davon, wo er sich befindet.

In dieser Deutung gibt das Experiment nicht Auskunft über das Verhalten von Maßstäben, sondern über die Struktur des Raumes. Da $u/a < 2\pi$ ist, können die Regeln der euklidischen Geometrie auf der Schnittfläche nicht gelten. Die metrischen Verhältnisse auf der Schnittfläche werden vielmehr durch die Riemannsche Geometrie beschrieben, die eine Verallgemeinerung der euklidischen Geometrie ist. Dann ist das Resultat $u/a < 2\pi$ dadurch zu veranschaulichen, daß die Schnittfläche nicht eben, sondern gekrümmt ist (Bild 19). Dies ist das berühmte Konzept des gekrümmten Raumes der allgemeinen Relativitätstheorie, das wir bereits einleitend (Bild 19) vorweggenommen haben: Im kleinen ist der Raum oder die Raum-Zeit der allgemeinen Relativitätstheorie ein ebener euklidischer (oder Minkowski-) Raum, so daß die spezielle Relativitätstheorie in freifallenden Bezugssystemen anwendbar ist. Im großen ist der Raum dagegen ein Riemannscher Raum, dessen Krümmung durch die Massenverteilung bedingt ist.

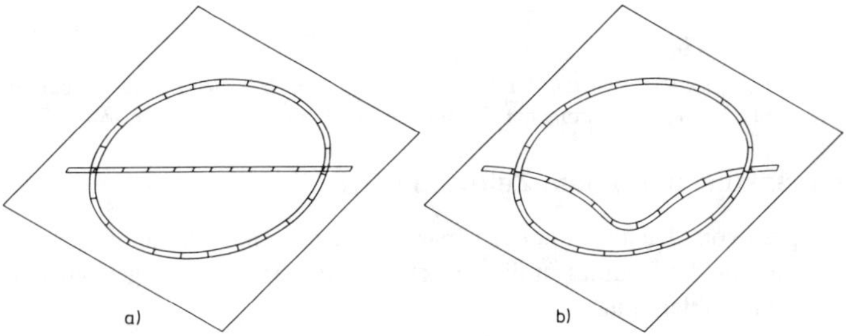

Bild 19

a) Ebener Raum und schrumpfende Maßstäbe oder

b) gekrümmter = Riemannscher Raum und konstante Maßstäbe

Es ist zu bemerken, daß in Lehrbüchern der allgemeinen Relativitätstheorie durchweg der Standpunkt von Bild 19b eingenommen wird. Das Bild des Riemannschen Raumes ist das gebräuchlichere, da im Falle dynamischer, also zeitlich veränderlicher Raum-Zeit-Metriken das Bild schrumpfender Maßstäbe und langsam gehender Uhren sehr kompliziert und unübersichtlich wird.

Da das Konzept des gekrümmten Raumes für alles weitere grundlegend ist, wollen wir nochmals durchdenken, was Bild 19 bedeutet. Die Sonnenumgebung wurde durch eine Schnittfläche in zwei genau gleiche Teile getrennt. Aus Symmetriegründen muß die Schnittfläche die üblichen Charakteristika der Ebene aufweisen und kann weder „nach oben“ noch „nach unten gekrümmt“ sein. Beobachter, die auf der Schnittfläche stehen und sich umsehen, haben genau den visuellen Eindruck einer Ebene. Messen sie jedoch die geometrischen Verhältnisse auf der Schnittfläche nach, so finden sie $u/a < 2\pi$. Um dieses Resultat in ein einfaches physikalisches Modell zu übersetzen, können sie Bild 19b benützen[1]).

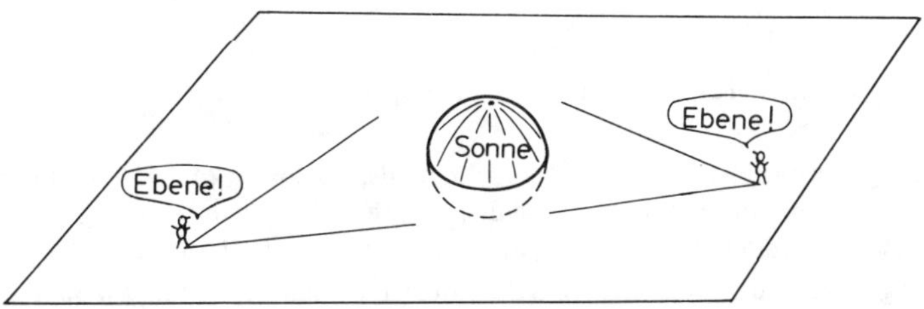

Bild 20. Beobachter, die sich auf der Schnittfläche befinden, sehen diese optisch als eben an

---

[1]) Das heißt, sie konstruieren eine gekrümmte Fläche im Kleinen (wo der Raum euklidische Struktur aufweist), auf der die gleichen geometrischen Verhältnisse vorliegen wie auf der Schnittfläche durch die Sonne.

Aufgabe 7. Was ist eine Ebene?

Wie würden Sie die Frage beantworten: Ist die Schnittfläche wirklich eine Ebene, ja oder nein? Läßt sich eine derartige Frage, die in ähnlicher Form oft gestellt wird, einfach beantworten?

3.4. Lichtablenkung und Raum-Zeit-Geometrie

Das Schrumpfen von Maßstäben in der Umgebung der Sonne, oder anders ausgedrückt, die Krümmung des Raumes ist die Ursache des vorher unerklärt gebliebenen Faktors 2 in der Lichtablenkung.

Nach dem Fermatschen Prinzip folgt ein Lichtstrahl derjenigen Bahn, die ihn am schnellsten vom Anfangspunkt A zum Endpunkt B bringt (Bild 21). Die Verlangsamung des Uhrenganges in der Umgebung der Sonne bewirkt, daß auch die Lichtgeschwindigkeit dort herabgesetzt erscheint. (Dies ist natürlich an Ort und Stelle nicht feststellbar, da die langsamen Uhren genau die gleiche Lichtgeschwindigkeit wie sonst überall anzeigen!) Der Lichtstrahl weicht daher der Sonnenumgebung möglichst aus, um den Punkt B schnell zu erreichen.

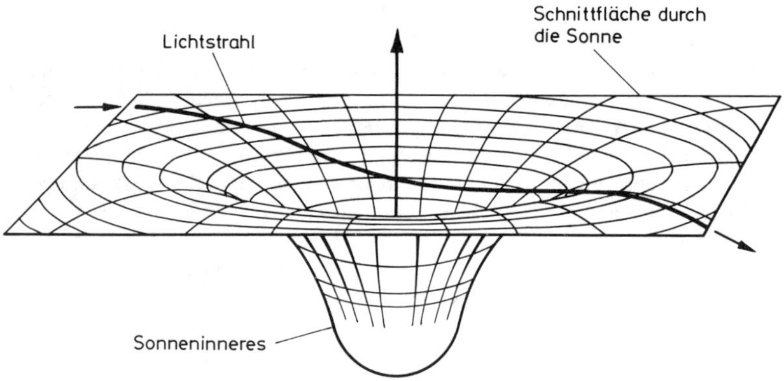

Bild 21. Das Verhalten von Lichtstrahlen in der Umgebung der Sonne

Daraus ergibt sich eine Krümmung des Lichtstrahls, die analog zu den bekannten Phänomenen gekrümmter Lichtwege in Medien mit veränderlichem Brechungsindex ist (z. B. in Gasen veränderlicher Dichte; die *Fata Morgana* entsteht auf diese Weise!).

Allerdings erklärt das Verhalten von Uhren die Lichtablenkung nur zur Hälfte, die andere Hälfte ist auf das Verhalten von Maßstäben zurückzuführen. Wie Bild 21 zeigt, bewirkt die Raumkrümmung eine weitere Herabsetzung der Lichtgeschwindigkeit in der Sonnenumgebung, die auf die Verlängerung des Lichtweges zurückzuführen ist: Sie liefert den gesuchten Faktor 2, der die Einsteinsche Theorie von der Newtonschen unterscheidet.

In den letzten Jahren ist ein weiteres Experiment möglich geworden, das die in Bild 21 gezeigte Raumkrümmung bzw. das Schrumpfen von Maßstäben in sehr direkter Weise aufzeigt.

3.5. Das Shapiro-Experiment

Im Jahre 1965 hat *I. I. Shapiro* einen neuen Test der allgemeinen Relativitätstheorie vorgeschlagen, der durch die Fortschritte der Radartechnologie und die Existenz genauer Atomuhren ermöglicht wurde. Shapiros Experiment ist im Prinzip sehr einfach: Ein Radarsignal geht von der Erde aus, wird an der Venus oder einem anderen Planeten reflektiert und kehrt wieder zur Erde zurück, wobei die Laufzeit Erde-Venus-Erde gemessen wird. Die Überlegungen von Abschnitt 3.4 zeigen, daß die Laufzeit des Radarsignals größer als nach der Newtonschen Theorie ist, wenn das Signal auf seinem Weg von der Erde zur Venus und zurück knapp am Sonnenrand vorbeigeht. Sowohl die Verlangsamung von Uhren als auch der in Bild 21 gezeigte verlängerte Lichtweg tragen zu diesem Effekt bei[1]).

Um die Verlängerung der Laufzeit zu berechnen, ist es günstig, die in Bild 19a gezeigte Sprechweise zu benützen: Da Maßstäbe in der Umgebung der Sonne schrumpfen und Uhren langsamer gehen, erscheint die effektive Lichtgeschwindigkeit in der Sonnenumgebung auf

$$c_{\mathrm{eff}} = \left(1 - \frac{\mathcal{R}}{2r}\right)^2 c \approx \left(1 - \frac{\mathcal{R}}{r}\right) c \tag{3.10}$$

verringert. Es sei nochmals betont, daß man c_{eff} nicht durch Messungen in der Umgebung der Sonne bestimmen kann, da der Einfluß des Gravitationsfeldes auf Maßstäbe und Uhren den Effekt (3.10) gerade kompensiert, so daß für die Lichtgeschwindigkeit wieder c resultiert. Die Verringerung der effektiven Lichtgeschwindigkeit läßt sich nur durch einen Vergleich mit außerhalb des Gravitationsfeldes angebrachten Meßgeräten ermitteln. Das geschieht gerade bei der Zeitmessung auf der Erde, da das Sonnenschwerefeld in der Erdumgebung etwa 200 mal schwächer ist als am Sonnenrand und auch das Erdschwerefeld gegen das Gravitationsfeld am Sonnenrand vernachlässigt werden kann. Nach der Einsteinschen Theorie beträg folglich die Laufzeit t_{E} eines Lichtsignals im Sonnensystem

$$t_{\mathrm{E}} = \int \frac{\mathrm{d}x}{c_{\mathrm{eff}}} = \int \frac{\mathrm{d}x}{c(1 - \mathcal{R}/r)} \approx \int \frac{\mathrm{d}x}{c} + \frac{\mathcal{R}}{c} \int \frac{\mathrm{d}x}{r} = t_{\mathrm{N}} + \Delta t\,. \tag{3.11}$$

---

[1]) Die früher für Licht angestellten Überlegungen gelten auch für Radarsignal, die sich von Licht ja nur durch ihre geringere Frequenz unterscheiden.

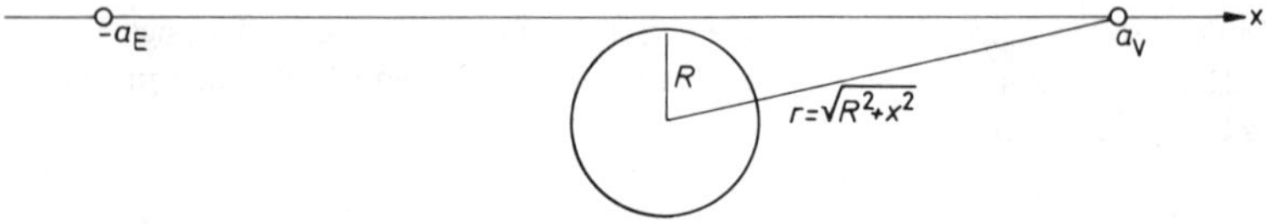

Bild 22. Zur Berechnung des Shapiro-Effekts

Dabei ist dx das Element der Weglänge entlang der Bahn des Lichtstrahls, so daß $t_N = \int dx/c$ die gemäß der Newtonschen Theorie erwartete Lichtlaufzeit ist. Für einen Lichtstrahl, der knapp am Sonnenrand entlang läuft, ergibt sich für Δt (siehe Bild 22)

$$\Delta t = \left(\frac{2\mathcal{R}}{c}\right) \int_{-a_E}^{a_V} \frac{dx}{\sqrt{R^2 + x^2}}. \tag{3.12}$$

wobei a_E und a_V die Abstände der Erde und der Venus von der Sonne sind und der zusätzliche Faktor 2 den Hin- und Rückweg des Lichtes berücksichtigt. Die Auswertung des Integrals ergibt

$$\Delta t = \left(\frac{2\mathcal{R}}{c}\right) \ln\left(\frac{\sqrt{R^2 + a_E^2} + a_E}{\sqrt{R^2 + a_V^2} - a_V}\right) \approx \frac{2\mathcal{R}}{c} \ln\left(\frac{4a_E a_V}{R^2}\right) \tag{3.13}$$

(bei der Vereinfachung des Logarithmus wurde $R \ll a_E, a_V$ zur Entwicklung der Quadratwurzeln benützt).

Mit Hilfe der Tabelle 2 berechnet man

$$\Delta t = \left(\frac{2\mathcal{R}}{c}\right) \cdot 11{,}9 = \left(\frac{2}{c}\right) \cdot 36 \text{ km} = 240\,\mu\text{s}. \tag{3.14}$$

Die Laufzeitvergrößerung entspricht daher einer scheinbaren Vergrößerung des Abstandes Erde-Venus um 36 km.

Bild 23 zeigt Shapiros Messungen von Δt aus dem Jahre 1970. Die Laufzeitverzögerung Δt ist als Funktion der Zeit τ angegeben. Dabei ist für $\tau = 0$ die in Bild 22 skizzierte Situation realisiert, d. h. die Sonne befindet sich genau zwischen Erde und Venus („obere Konjunktion"). Für $\tau \neq 0$ nimmt die Laufzeitvergrößerung ab, da sich Erde und Venus weiterbewegen und der Radarstrahl in immer größerer Entfernung von der Sonne verläuft.

Shapiro hat seine Messungen seither mehrfach wiederholt und dabei die Genauigkeit immer weiter erhöht. Eine Computersimulation der Venusoberfläche, die mehr als hundert Parameter benützt, erlaubte es, den Einfluß von Oberflächenunebenheiten zu berücksichtigen. Dadurch war es möglich, die Meßgenauigkeit von anfänglich 3 % bis 1979 auf 0,2 % zu steigern. Die Ergebnisse stimmen mit den Vorhersagen der Relativitätstheorie überein und geben damit eine neue *Bestätigung des Konzeptes der gekrümmten Raum-Zeit*, das der Einsteinschen Theorie zugrunde liegt.

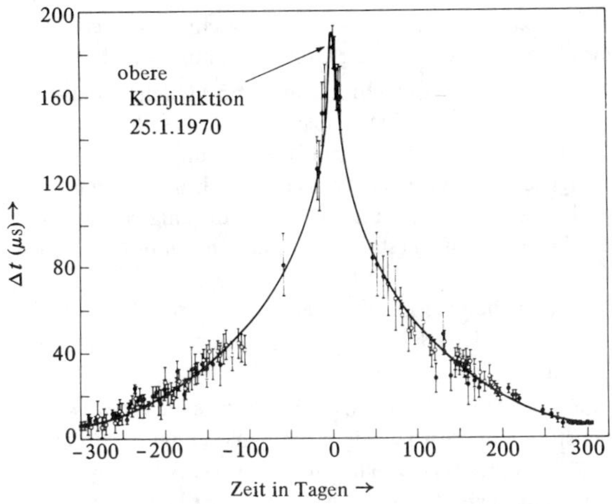

Bild 23. Shapiros Messungen der Laufzeitverzögerungen eines Radarstrahls, der von der Venus reflektiert wird

Die Rauhigkeit der Venusoberfläche setzt einer weiteren Erhöhung der Meßgenauigkeit beim Shapiro Experiment eine Grenze. Bedeutet doch eine Messung des relavistischen Effektes (3.14) mit einer Genauigkeit von 0,2 % eine Bestimmung des Abstandes Erde Venus auf 70 m! Bessere Ergebnisse lassen sich daher nur durch die Messung der Laufzeit von Radiosignalen erzielen, die von *künstlichen Satelliten* reflektiert oder ausgesendet werden. Messungen an den Marssonden Mariner 6 und Mariner 7, sowie während des Viking Experimentes erlaubten es, die Genauigkeit, mit der die Raumkrümmung in der Sonnenumgebung ausgemessen werden kann, auf 0,1 % zu steigern.

3.6. Der gekrümmte Raum und die Anschauung

In den ersten Jahren nach der Aufstellung der allgemeinen Relativitätstheorie durch *Einstein* war es vor allem das Konzept des gekrümmten Raumes, das größtes Aufsehen hervorrief. Kann man sich einen derartigen Raum überhaupt vorstellen? Ist der Raum nicht eine Vorbedingung der Erkenntnis (a priori)? Wie kann er dann im nachhinein aus empirischen Messungen zu ermitteln sein?

Die Experimente der letzten Jahre haben gezeigt, daß Einsteins Konzept der Raum-Zeit innerhalb der bereits recht hohen Meßgenauigkeit mit der Erfahrung übereinstimmt. Allerdings sind die Abweichungen von der euklidischen Geometrie von der Größenordnung 10^{-6} und können daher nur mit empfindlichen Meßgeräten nachgewiesen werden. Was wäre aber, wenn wir auf einem Neutronenstern oder gar in der

Umgebung eines *Schwarzen Loches* lebten? Wir werden in Abschnitt 4 zeigen, daß dort die Abweichungen vom flachen Raum von der Größenordnung 1 sind.

Die Krümmung der Raum-Zeit wird dann nicht nur mit empfindlichen Meßinstrumenten, sondern auch im Alltagsleben feststellbar. Wie würde sich das Leben in einem derart gekrümmten Raum abspielen? Unsere Beschreibung dieses Gedankenexperimentes wird zugleich die Frage beantworten, ob wir uns einen gekrümmten Raum vorstellen können. Denn „vorstellen" heißt, diejenigen Empfindungen beschreiben, die das Leben in einem (stark) gekrümmten Raum in uns auslösen würde.

Das ist nicht schwer. Dazu brauchen wir nur die früher diskutierten Experimente millionenfach vergröbern und so aus dem Bereich der Präzisionsmessungen in den Lebensbereich des Alltags bringen.

Was hat die Verlangsamung von Uhren in der Nähe des Sternes für Auswirkungen? Je näher man am Neutronenstern lebt, desto weniger altert man. Eine Art Jungbrunnen ist gefunden: Der Keller eines Hauses oder ein Bergwerk. Alle Vorgänge spielen sich dort im Zeitlupentempo ab. Allerdings nur aus großer Höhe betrachtet, etwa von einem Berg oder einem Hochhaus. Denn in der Nähe des Sternes selbst merke ich nichts davon, daß die Zeit fast stillsteht. Die Verlangsamung betrifft dort alles Geschehen gleichmäßig und kann daher an Ort und Stelle nicht festgestellt werden. Darum nützt ein längeres Leben auch nur wenig: Sein Erlebnisgehalt ist der gleiche wie sonst auch.

Blicke ich allerdings auf zu Bergbewohnern oder zu den armen Leuten, die in den höchsten Teilen der Wolkenkratzer wohnen müssen, so spielt sich dort alles in rasendem Tempo ab. Dinge, die rasch erledigt werden müssen, werden dort gemacht. Man kann auch selbst auf einen Berg fahren. Dann erledigt man eine Tagesarbeit und ist zurück, nachdem erst einige Minuten zu Hause vergangen sind. Allerdings ist man müde wie nach der Arbeit eines vollen Tages und auch um einen Tag gealtert.

Das Leben auf dem Neutronenstern ist auch voll neuer Farbenspiele, die auf die Rotverschiebung des Lichtes zurückgehen. Ein roter Apfel, der zu meinen Füßen liegt, wird grün, wenn ich ihn aufhebe: Nur die Rotverschiebung war es, die mir den Apfel reif erscheinen ließ.

Verkehrsampeln sind auf dem Neutronenstern besonders einfach gebaut. Sie haben drei rote Lampen, die verschieden hoch hängen (Bild 24a). Das Licht der obersten Lampe wird durch die Blauverschiebung grün gesehen, das der mittleren Lampe gelb!

Auch sonst ist das Leben auf dem Neutronenstern voll interessanter Effekte, die auf die Krümmung von Lichtstrahlen zurückzuführen sind.

Die Lichtablenkung erlaubt es uns, Gegenstände zu sehen, die auf der anderen Seite unseres Sternes liegen. Diese Dinge erscheinen dann zum Ring, zum Heiligen-

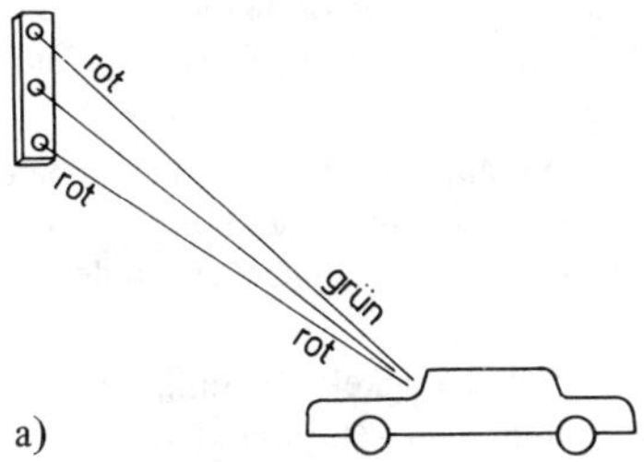

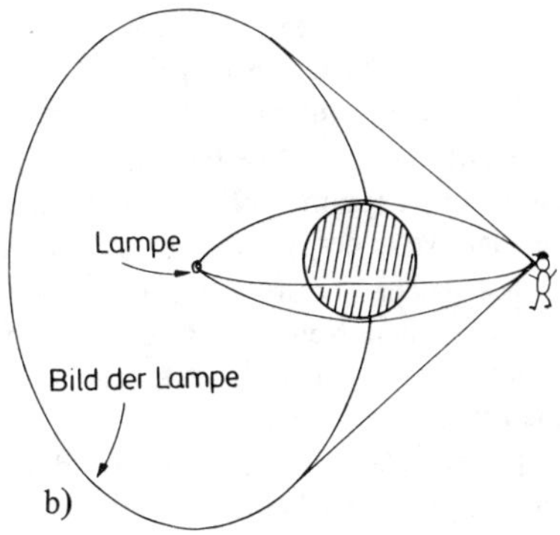

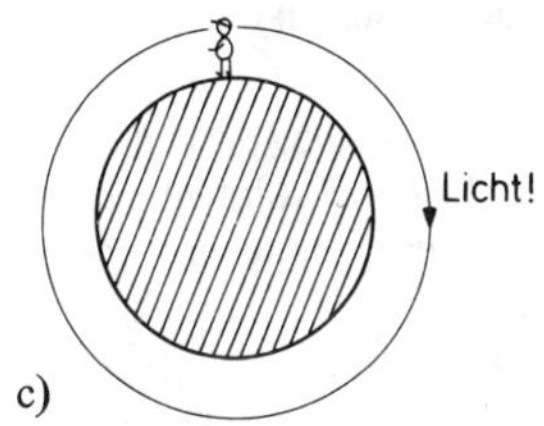

Bild 24

a) Verkehrsampel auf einen Neutronenstern (Üblicherweise leuchtet nur eine der Lampen!)

b) Die Lichtablenkung macht aus einer einfachen Lampe einen Lichtring um den Stern!

c) Auf dem Stern braucht man keinen Spiegel, um den eigenen Hinterkopf zu sehen.

schein deformiert. Im Extremfall kann man sogar um den Stern herumsehen, da die Lichtstrahlen vom Schwerefeld zu einem Kreis gebogen werden können.

Meist sind aber die optischen Effekte nicht so spektakulär wie die hier beschriebenen. Verzerrungen und Deformationen aller Art gehören aber zum Alltagsleben auf dem Neutronenstern, und eine Welt voller Fata Morganas tut sich vor uns auf.

Wahrscheinlich würde man diese Erscheinungen gar nicht bewußt bemerken. Auch auf dem Planeten Erde gibt es optische Erscheinungen, die wir üblicherweise nicht zur Kenntnis nehmen. Gegenstände wechseln ihre Farbe durch verschiedene Beleuchtungsverhältnisse, werden aus verschiedensten Blickrichtungen und Entfernungen gesehen. Trotzdem sind wir in der Lage, sie sofort zu identifizieren. Dies ist eine sehr bemerkenswerte Leistung unseres Wahrnehmungsapparates, die für unser tägliches Leben von größter Bedeutung ist: Ein Löwe erscheint uns aus großer Entfernung nicht als kleines Kätzchen, das sich erst beim Näherkommen zu erschreckenden Proportionen vergrößert. Wir sehen ihn in jeder Entfernung und unter allen Beleuchtungsverhältnissen gleich als Löwen, was offensichtlich von großer praktischer Bedeutung ist (zumindest, wenn man in Afrika lebt).

Nicht räumliche Relationen, sondern identifizierbare und vertraute Objekte sind es, die unser Raumempfinden bestimmen. Nicht umsonst mußte die wissenschaftliche Perspektive in der Renaissance „entdeckt" werden.

Die gleichen Leistungen würde unser Wahrnehmungsapparat vermutlich auch beim Leben auf dem Neutronenstern erbringen. Die Effekte der Raumkrümmung blieben zunächst unbeobachtet, verdeckt durch unser vitales Interesse, den Gegenständen Identität zu verleihen.

Erst die Verwissenschaftlichung des Alltags, die Notwendigkeit, Technik und Raummessung zu entwickeln, und die dadurch hervorgerufene Bewußtseinsänderung ließen allmählich die Effekte der Raumkrümmung entdecken. Der Beginn der Physik wäre ein ungeheuer mühsames Unterfangen. Begriffe, die in der Physik unseres Planeten zunächst naiv dem Erfahrungsschatz des Alltags entnommen werden, wie der Begriff der Gerade, der Ebene usw., müßten hier gleich bei Beginn einer kritischen Prüfung unterzogen werden.

Erkenntnistheoretische Argumente spielten vermutlich von Anfang an in der Naturwissenschaft eine große Rolle. Was ist gerade, was ist krumm? Einfache Fragen für die irdische Physik – zumindest auf naivem Niveau. Quelle unendlicher Streitschriften dagegen für Physiker auf Neutronensternen. Erst langsam lassen sich mathematische Modelle konstruieren, die die Fülle der Erscheinungen einfach wiedergeben und durch einfache Konstruktion beschreiben – so das Modell des gekrümmten Raumes in Bild 21.

Aufgaben

8. Nochmals: Was ist gerade?

Studieren Sie nochmals Aufgabe 4. Sind Sie mit Ihrer ersten Antwort zufrieden oder haben sich hier neue Aspekte ergeben? Berücksichtigen Sie die Resultate aus Aufgabe 7!

9. Leben auf Neutronensternen

Welche Effekte werden durch das Schrumpfen von Maßstäben im Alltagsleben auf dem Neutronenstern hervorgerufen?

10. Raumkrümmungseffekte auf Neutronensternen

Versuchen Sie, die Effekte, die durch das Schrumpfen von Maßstäben auf Neutronensternen hervorgerufen werden, graphisch darzustellen.

11. Zivilisation auf Neutronensternen

Versuchen Sie, die Geistesgeschichte einer Zivilisation zu entwerfen, die auf einem Neutronenstern entsteht. Wie stellen Sie sich die Entwicklung von Geometrie und Physik dort vor?

3.7. Anhang: Uhren im Gravitationsfeld – anders betrachtet

Das Verhalten von Uhren soll hier von einem anderen Standpunkt betrachtet werden, der den Zusammenhang mit dem Äquivalenzprinzip hervortreten läßt.

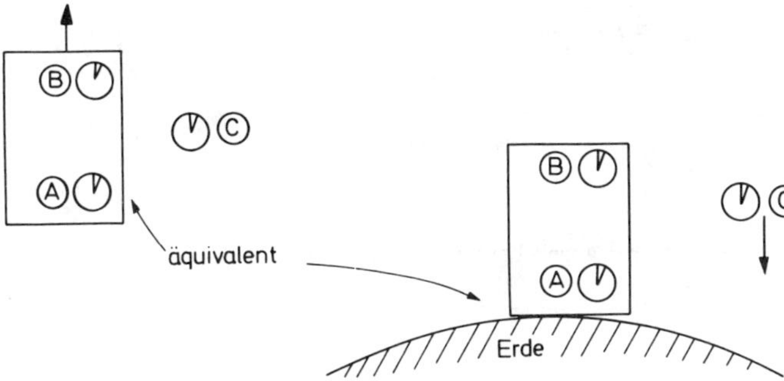

Bild 25. Zur Herleitung des Uhrengangs aus dem Äquivalenzprinzip

Betrachten wir zwei Uhren in einem Aufzug, der sich beschleunigt nach oben bewegt (Bild 25) und daneben eine ruhende Kontrolluhr C. Im Augenblick, in dem die Uhr B an C vorüberfliegt, habe diese die Geschwindigkeit v_B, so daß – wegen der speziell relativistischen Zeitdilatation – von C gesehen B verlangsamt erscheint, also die Zeit

$$T_B = T_C \sqrt{1 - \frac{v_B^2}{c^2}} \tag{3.15}$$

anzeigt. Etwas später fliegt A an C vorüber, wobei $v_A > v_B$ wegen der Beschleunigung des Systems ist. Die auf A abgelesenen Zeitintervalle sind von C gesehen

$$T_A = T_C \sqrt{1 - \frac{v_A^2}{c^2}} \tag{3.16}$$

Im zweiten Teil des Bildes ist eine nach dem Äquivalenzprinzip gleichwertige Situation aufgebaut. Hier ruht der Aufzug in einem Gravitationsfeld, und die Uhr C fällt frei daran vorbei. Uhr C befindet sich – wie zuvor – in einem Inertialsystem, so daß die Gln. (3.15 und 3.16) wieder gelten. Division der beiden Formeln und Entwickeln der Quadratwurzel liefert

$$\frac{T_B}{T_A} = \frac{\sqrt{1 - v_B^2/c^2}}{\sqrt{1 - v_A^2/c^2}} \approx \frac{1 - v_B^2/2c^2}{1 - v_A^2/2c^2} \approx 1 + \frac{(v_A^2 - v_B^2)}{2c^2}. \tag{3.17}$$

Die Fallgeschwindigkeit von C bestimmt sich aus dem Energiesatz

$$\frac{v^2}{2} + U(x) = \frac{E}{m} = \text{const} . \tag{3.18}$$

Daher wird

$$\frac{(v_A^2 - v_B^2)}{2c^2} = \frac{U(x_B) - U(x_A)}{c^2} = -\frac{\Delta U}{c^2}$$

oder

$$T_B = T_A \left(1 - \frac{\Delta U}{c^2}\right). \tag{3.19}$$

Dies ist aber gerade das früher angegebene Resultat (Gl. (3.2)).

4. Sterne und Planeten

Relativistische Effekte sind von der Größenordnung des Verhältnisses von Schwarzschildradius zu Radius eines Sternes und betragen für die Sonne etwa 10^{-6}. Das ist eines der wichtigsten Resultate der Untersuchungen der Abschnitte 2 und 3.

Wodurch ist aber das Verhältnis $\mathcal{R}/R$ bedingt? Um diese Frage zu beantworten, müssen wir die Theorie des Aufbaues von Sternen untersuchen, da $\mathcal{R}/R$ offensichtlich durch die Struktur der Sterne, in unserem Fall der Sonne, festgelegt ist.

Wir werden daher in diesem Abschnitt die elementare Theorie des inneren Aufbaues der Sterne besprechen. Dabei ergeben sich einige Querverbindungen von Astrophysik und Elementarteilchenphysik.

4.1. Sternentstehung und Gleichgewichtsbedingung

Wie man in elementaren Vorlesungen über statistische Physik lernt, füllt jedes Gas das ihm zur Verfügung stehende Volumen gleichmäßig aus. Dieser Satz ist allerdings nicht in voller Allgemeinheit gültig, sondern nur unter Laboratoriumsbedingungen. Gaswolken kosmischer Größe tendieren im Gegensatz dazu, instabil zu sein, und statt den Behälter – das Universum – gleichförmig zu füllen, ziehen sie sich auf Teilvolumen zurück und bilden Sterne (Bild 26). Die verschiedenen Phasen dieser Instabilität, die Kontraktion und das Aufleuchten eines Sternes gehören zu den faszinierendsten Kapiteln der Astrophysik und konnten in den letzten Jahren in vielen Details geklärt werden.

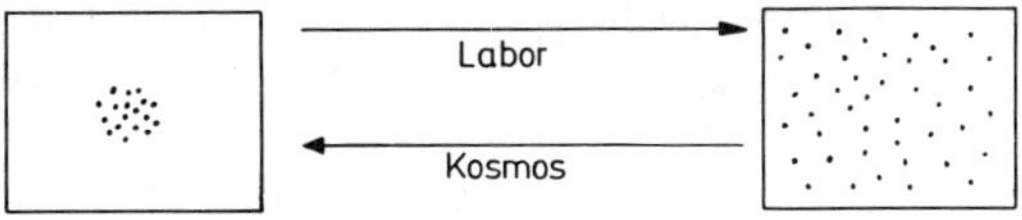

Bild 26
Gaswolken in Labor und Kosmos

Während für das Einsetzen der Instabilität das *Jeans-Kriterium* maßgeblich ist (siehe die Aufgaben 13 und 14), haben wir hier die Frage zu beantworten, wann die Kontraktion der Gaswolke beendet ist und ein stabiles Gleichgewicht erreicht wird.

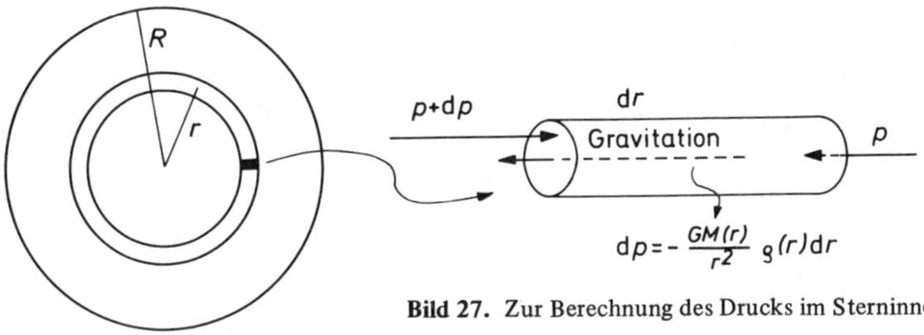

Bild 27. Zur Berechnung des Drucks im Sterninnern

Wie Bild 27 zeigt, wird das Gleichgewicht im Stern dadurch aufrecht erhalten, daß der Druck dem Gravitationsfeld entgegenwirkt. Die Druckzunahme dp im Sterninneren ist daraus zu bestimmen, daß sie in der Lage sein muß, die zusätzliche massenerfüllte Kugelschale der Dicke dr zu tragen. Da der Druck die Kraft pro Flächeneinheit ist, haben wir das Gewicht einer Säule vom Querschnitt 1 und der Höhe dr zu berechnen und dieses Gewicht gleich dp zu setzen:

$$\mathrm{d}p = -\frac{GM(r)}{r^2}\rho \, \mathrm{d}r, \tag{4.1}$$

wobei $M(r)$ der innerhalb des Radius r liegende Teil der Sternmasse ist:

$$M(r) = 4\pi \int_0^r r'^2 \rho(r')\mathrm{d}r'. \tag{4.2}$$

(Nach einem bekannten Theorem der Mechanik geben die äußeren Kugelschalen keinen Beitrag zur Kraft auf das betrachtete Volumenelement.)

Mit Gl. (4.1) haben wir eine Differentialgleichung erhalten, die den Druck als Funktion des Radius bestimmt

$$\boxed{\frac{\mathrm{d}p}{\mathrm{d}r} = -\frac{GM(r)}{r^2}\,\rho(r)} \tag{4.3}$$

Bei der Berechnung realistischer Sternmodelle ist zu berücksichtigen, daß die Dichte im Sterninneren nicht konstant ist, sondern eine Funktion $\rho(r)$. Die Differentialgleichung (4.3), die den Druck im Sterninneren bestimmt, enthält damit die Dichte als Funktion des Radius als weitere Unbekannte. Zur Lösung der Differentialgleichung muß die *Zustandsgleichung* vorgegeben sein, die den Druck als Funktion der Dichte und der Temperatur ausdrückt:

$$\boxed{p = p(\rho, T)} \tag{4.4}$$

Die Relationen (4.2–4.4) bestimmen den Sternaufbau in der Newtonschen Gravitationstheorie.

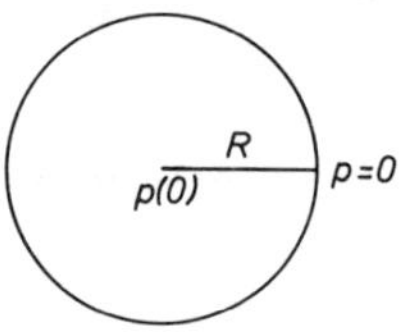

$$\frac{\mathrm{d}p}{\mathrm{d}r} \approx \frac{p(R)-p(0)}{\mathrm{R}} = -\frac{p(0)}{R} \approx -\frac{p}{R}$$

Bild 28
Zur Berechnung des Drucks im Sterninnern

Um die Größenordnung des Druckes im Sterninneren zu bestimmen, nähern wir gemäß Bild 28 den Differentialquotienten $\mathrm{d}p/\mathrm{d}r$ durch den Differenzenquotienten $-p/R$ an, wobei p ein mittlerer Druck im Stern und R der Sternradius ist. Ferner nähern wir

$$GM(r)\,\frac{\rho(r)}{r^2} \approx \frac{GM\rho}{R^2}, \tag{4.5}$$

wobei die (gemittelte) Dichte ρ mit der Gesamtmasse M des Sternes nach

$$M = 4\pi \int_0^R \rho(r)\,r^2\,\mathrm{d}r \approx \rho\,R^3 \tag{4.6}$$

zusammenhängt.

Setzen wir diese Näherungen in Gl. (4.3) ein, so folgt

$$\frac{p}{R} \approx \frac{GM}{R^2}\,\rho. \tag{4.7}$$

Division durch $\rho c^2/R$ ergibt

$$\frac{p}{\rho c^2} \approx \frac{GM}{Rc^2}. \tag{4.8}$$

Die rechte Seite von Gl. (4.8) ist bis auf den (vernachlässigbaren) Faktor 2 gerade das Verhältnis von Schwarzschildradius $\mathcal{R}$ zu Radius des Sterns. Damit erhalten wir als Gleichgewichtsbedingung:

$$\boxed{\frac{p}{\rho c^2} \approx \frac{\mathcal{R}}{R}} \tag{4.9}$$

Diese fundamentale Beziehung zeigt, daß das Verhältnis von Schwarzschildradius zu Radius der Größenordnung nach durch das Verhältnis von mittlerem Druck zu mittlerer Ruhenergiedichte (ρc^2) im Stern gegeben ist. $p/\rho c^2$ ist aber wiederum durch die Zustandsgleichung bestimmt, die wir in der (dimensionslosen) Form

$$\boxed{\frac{p}{\rho c^2} = f(\rho, T)} \tag{4.10}$$

schreiben können. Die durch Gl. (4.10) definierte Funktion $f(\rho, T)$ charakterisiert dabei die Sternmaterie.

Die Theorie des Sternaufbaus läuft daher in der von uns verwendeten einfachen Näherung auf die Bestimmung von f als Funktion von Dichte und Temperatur hinaus.

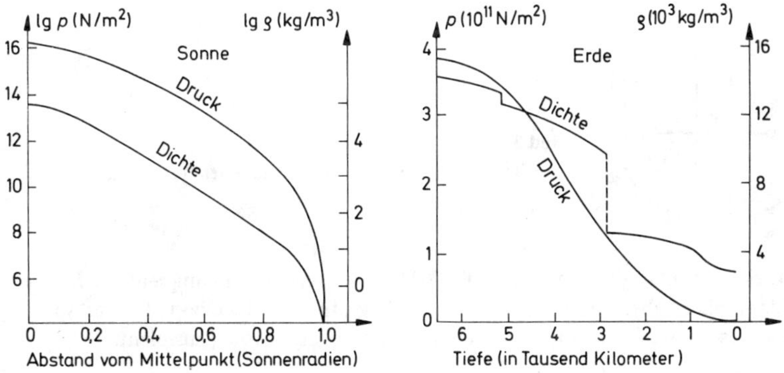

Bild 29. Druck und Dichte in Sonne und Erde

Aufgabe 12. Dichte und Druck im Inneren von Erde und Sonne

Berechnen Sie den mittleren Druck im Erd- und Sonneninneren nach Gl. (4.9). Vergleichen Sie die Resultate mit den Standardmodellen in Bild 29.

4.2. Der Massendefekt

Bevor wir auf die Bestimmung der Funktion f eingehen, soll die zentrale Bedeutung des Verhältnisses $\mathcal{R}/R$ noch von einem anderen Gesichtspunkt her erläutert werden.

Wenn eine Gaswolke in sich zusammenstürzt und ein Stern entsteht, wird Energie frei, die Gravitations-Bindungsenergie. Um deren Größenordnung abzuschätzen (wobei wir auf genaue Zahlenfaktoren wieder keinen Wert legen), denken wir uns den Stern aus zwei Halbkugeln der Größe $M_0/2$ zusammengesetzt. Da das Gravitationspotential der Masse $M_0/2$ in der Entfernung R etwa durch

$$V(R) \approx -\frac{GM_0}{2R} \tag{4.11}$$

gegeben ist (exakt gilt dies allerdings nur für kugelförmige Massenverteilungen, näherungsweise aber auch für die hier betrachtete Halbkugel), erhält man für die Bindungsenergie E, die sich durch Heranführung der zweiten Massenhälfte $M_0/2$ in die Entfernung R (für die wir näherungsweise den Kugelradius einsetzen können, wie Bild 30 zeigt) ergibt,

$$E \approx -V(R)\frac{M_0}{2} \approx \frac{GM_0^2}{4R} \approx \frac{GM_0^2}{R}. \tag{4.12}$$

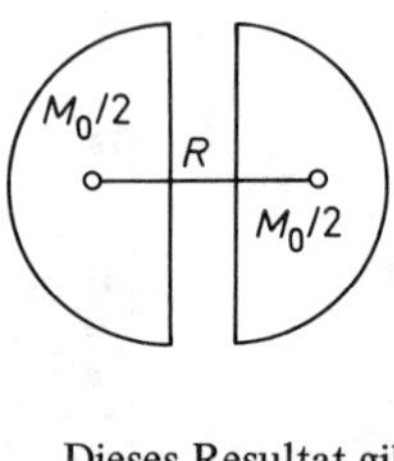

Bild 30
Zur Berechnung der Bindungsenergie einer Massenkugel

Dieses Resultat gibt wieder nur die Größenordnung der Bindungsenergie richtig wieder (daher haben wir auch den Faktor 1/4 gestrichen; der exakte Faktor wäre 3/5 gewesen), was jedoch für alle weiteren Überlegungen völlig ausreicht.

Die Formel (4.12) erlaubt es, die bei der Sternentstehung frei werdende Energie für verschiedene Sternarten zu berechnen. Zum besseren Verständnis des Resultats ist es jedoch zweckmäßig, von der Bindungsenergie zum Massendefekt ΔM überzugehen, der mit E nach $E = \Delta M \cdot c^2$ zusammenhängt. Die Masse ΔM wird bei der Sternentstehung in Form von Lichtstrahlen, Neutrinos usw. abgestrahlt, und der *Stern hat folglich eine Masse, die geringer ist als die Masse M_0 des ursprünglich vorhandenen Gases:*

$$M = M_0 - \frac{E}{c^2} \approx M_0 - \frac{GM_0^2}{Rc^2}. \tag{4.13}$$

(Damit wird auch das negative Vorzeichen in Formel (2.20) verständlich.) Durch Einführung des Schwarzschildradius kann Gl. (4.13) weiter vereinfacht werden:

$$M = M_0 \left(1 - \frac{GM_0}{Rc^2}\right) \approx M_0 \left(1 - \frac{\mathcal{R}}{R}\right). \tag{4.14}$$

Der Massendefekt $\Delta M = M_0 - M$ ist nach Gl. (4.14)

$$\boxed{\text{Massendefekt: } \frac{\Delta M}{M_0} \approx \frac{\mathcal{R}}{R}} \tag{4.15}$$

Die in Tabelle 1 angegebenen Verhältnisse von Schwarzschildradius zu Radius eines Körpers geben also auch den bei der Bildung des Körpers in Form von Energie frei werdenden relativen Massendefekt an.

Der Tabelle ist zu entnehmen, daß der Gravitations-Massendefekt der Sonne etwa 10^{-6} beträgt. Er ist daher als Energiequelle gegenüber den Kernkräften, die zu Massendefekten von 1 % führen, vernachlässigbar klein. Das ist der Grund dafür, warum im 19. Jahrhundert eine nur geringe Lebensdauer für die Sonne errechnet wurde. Während die Sonne aufgrund der Kernenergie ihre Strahlung von $L_\odot \approx 10^{26}$ Watt etwa 10 Milliarden Jahre lang aufrechterhalten kann, ist sie mit Hilfe der Gravitations-Bindungsenergie nur imstande, diese Strahlung einige Millionen Jahre lang zu emittieren (*Kelvinsche Kontraktionszeit*).

Auch bei *Weißen Zwergen*, die in der Tabelle angeführt sind, überwiegt die Kernenergie noch gegenüber der Gravitationsenergie. Erst bei Neutronensternen beginnt die Kernenergie gegenüber der Gravitations-Bindungsenergie unwichtig zu werden. Bei der Bildung eines Neutronensterns (Pulsars) können einige Prozent der ursprünglichen Masse interstellaren Gases in Energie umgewandelt werden. Da der Neutronensternmasse $M \approx 10^{30}$ kg eine Energie von $\approx 10^{47}$ J entspricht, wird bei der Bildung eines Neutronensterns eine Bindungsenergie von etwa 10^{45} J frei. Dies ist die Energiequelle der *Supernovaausbrüche*.

Unsere bisherigen Resultate können wir in Form einer *bemerkenswerten Gleichungskette* zusammenfassen: Lichtablenkung δ, Rotverschiebung $\Delta\nu/\nu$ und Massendefekt $\Delta M/M$ eines Sternes sind durch das Verhältnis $\mathcal{R}/R$ gegeben. Die Gleichgewichtsbedingung für den Stern zeigt, daß dieses Verhältnis wiederum durch $p/\rho c^2$ bedingt ist. $p/\rho c^2$ ist schließlich durch die Zustandsgleichung $f(\rho, T)$ festgelegt:

$$\boxed{\delta \approx \frac{\Delta \nu}{\nu} \approx \frac{\Delta M}{M} \approx \frac{\mathcal{R}}{R} \approx \frac{p}{\rho c^2} = f(\rho, T)} \tag{4.16}$$

Aufgaben

13. Das Jeans-Kriterium

Eine Gaswolke wird instabil, wenn die Gravitationsenergie die thermische Energie der Moleküle übersteigt:

$$E_B \approx \frac{GM^2}{R} > E_{Kin} = \left(\frac{3}{2}kT\right) \frac{M}{\mu}$$

Dabei ist $3/2\,kT$ die thermische Energie eines Moleküles und M/μ die Zahl der Moleküle in der Gaswolke, wenn μ die Molekülmasse bedeutet.

Zeigen Sie, daß obiges Resultat auch in der Form

$$M > 3{,}7\left(\frac{k}{\mu}\frac{T}{G}\right)^{\frac{3}{2}} \frac{1}{\sqrt{\rho}} \tag{4.17}$$

geschrieben werden kann (Der Zahlfaktor 3,7 wurde exakteren Rechnungen entnommen).

14. Sternentstehung

Sterne entstehen zunächst durch Kondensation von H I-Wolken (Wolken neutralen Wasserstoffgases) mit einer Dichte von etwa 100 Atomen pro Kubikzentimeter und einer Temperatur $T \approx 100$ K. Schätzen Sie die Mindestmasse der unter diesen Verhältnissen instabil werdenden Gaswolken ab. Diskutieren Sie die Bedeutung dieses Resultates für die Theorie der Sternentstehung (siehe dazu die Anleitung zur Lösung der Übungsaufgaben).

4.3. Nichtentartete Sterne

Für „normale" Sterne (Hauptreihensterne) wie etwa die Sonne kann die Zustandsgleichung sehr genau durch die eines idealen Gases angenähert werden:

$$pV = R_G T. \tag{4.18}$$

wobei R_G die Gaskonstante ist. Das Molvolumen V kann durch die Gasdichte ρ ausgedrückt werden

$$V = \frac{L\mu}{\rho}, \tag{4.19}$$

wobei $L = 6 \cdot 10^{23}$ die Loschmidtsche Zahl ist und μ die Masse eines Gasmoleküls.

Da normale Sterne größtenteils aus Wasserstoff bestehen, werden wir μ üblicherweise $\mu \approx 1{,}6 \cdot 10^{-27}$ kg setzen. Aus den Gln. (4.18) und (4.19) erhalten wir

$$\frac{p}{\rho} = \frac{R_G}{L}\frac{T}{\mu} = k\frac{T}{\mu}, \tag{4.20}$$

wobei $k = R_G/L = 1{,}38 \cdot 10^{-23}$ J/K die Boltzmann-Konstante ist.

Daraus ergibt sich die gewünschte Form der Zustandsgleichung des idealen Gases zu

$$\boxed{f(\rho, T) = \frac{p}{\rho c^2} = \frac{kT}{\mu c^2} = f(T)} \tag{4.21}$$

Für ein ideales Gas hängt die Funktion $f(\rho, T)$ nur von der Temperatur T des Gases ab und gibt das Verhältnis von mittlerer kinetischer Energie (kT) zu Ruhenergie (μc^2) der Gasmoleküle an.

Das Verhältnis $\mathcal{R}/R$ und damit die Größe der relativistischen Effekte ist durch die Temperatur T im Sterninnern bedingt (für T ist in Übereinstimmung mit der hier benützten Näherung eine mittlere Sterntemperatur zu verwenden).

Die Temperatur im Sterninnern ist wiederum durch die Bedingung festgelegt, daß Kernreaktionen die auf der Hauptreihe des Hertzsprung-Russell-Diagramms befindlichen Normalsterne gleichmäßig zum Leuchten bringen, was bei Temperaturen von einigen 10^7 K der Fall ist. Es ist dann $kT \approx 10^{-16}$ J $\approx 10^3$ eV = 1 keV, wenn wir die in der Kern- und Elementarteilchenphysik üblichen Energieeinheiten verwenden (1 eV = $1{,}6 \cdot 10^{-19}$ J). Da das Energieäquivalent der Masse des wichtigsten Moleküls (= Atoms) der Sternmaterie, des Wasserstoffatoms, $\mu c^2 \approx 1$ GeV beträgt, gilt für *normale Sterne*

$$\boxed{\frac{\mathcal{R}}{R} \approx \frac{kT}{\mu c^2} \approx \frac{1\ \text{keV}}{1\ \text{GeV}} \approx 10^{-6}} \tag{4.22}$$

Relativistische Effekte sind für Normalsterne von der Größenordnung 10^{-6}. *Diese Größenordnung ist auf kernphysikalische Ursachen zurückzuführen,* da die Kernphysik die Temperaturen im Sterninnern und damit den Druck bedingt.

Es ist bemerkenswert, daß die *relativistischen Effekte unabhängig von der Größe der Gravitationskonstante* sind.

4.4. Die Zustandsgleichung entarteter Materie

Abschnitt 4.3 hat gezeigt, daß für normale Sterne, die ihren Kernbrennstoff gleichmäßig und stationär auf der Hauptreihe des Hertzsprung-Russell-Diagramms verbrennen, das Verhältnis von Schwarzschildradius zu Radius durch das Verhältnis von thermischer Energie zu Ruhenergie der Moleküle bedingt ist. Bei den im Sterninnern herrschenden hohen Temperaturen können die Wechselwirkungen der Teilchen gegen die thermische Energie vernachlässigt werden, und die Materie verhält sich wie ein ideales Gas. Wenn aber ein Stern seinen Wasserstoff verbraucht hat und am Ende des normalen Sternenlebens angelangt ist, kann die hohe Temperatur und damit der Druck im Sterninnern nicht mehr aufrechterhalten werden.

Wenn der Stern abkühlt, wächst sein Radius an, da R nach Gl. (4.22)

$$R = \mathcal{R} \frac{\mu c^2}{kT} \tag{4.23}$$

im Gleichgewicht umgekehrt proportional zur Temperatur ist. Der Stern wird zum *Roten Riesen*, in dessen Zentrum zunächst Helium und dann schwerere Elemente die Kernreaktionen aufrechterhalten.

Kühlt der Stern weiter ab, so kann er die Energie bald nicht mehr aufbringen, die notwendig ist, um zu neuen Gleichgewichtszuständen zu gelangen. Denn dazu müßte er nach Gl. (4.23) weiter gegen sein Gravitationsfeld expandieren.

Nach einigen weiteren, ziemlich komplizierten Entwicklungsphasen (die obige Darstellung ist eine sehr vereinfachte Schilderung überaus komplexer Vorgänge) fällt der Stern schließlich in sich zusammen. Dabei werden sehr hohe mittlere Dichten im Sterninnern erreicht, und es zeigt sich, daß unter diesen Umständen wieder besonders einfache Verhältnisse vorliegen.

Um die Gleichgewichtskonfigurationen des Sterns nach Ausbrennen des Kernbrennstoffes zu finden, müssen wir die Zustandsgleichung herleiten. Dabei können wir uns auf die Temperatur $T = 0$ beschränken, da bei hohen Dichten auch Temperaturen von einigen Millionen Grad keinen Einfluß auf die Zustandsgleichung haben. Während ein ideales Gas dadurch charakterisiert werden kann, daß die in Gl. (4.10) definierte Funktion f nur von der Temperatur abhängt, wird bei hohen Dichten $f = f(\rho)$ bei allen für Sternmodelle in Betracht kommenden Temperaturen. In diesem Fall bezeichnet man die *Materie* als *entartet:*

$$\boxed{f(\rho, T) = \frac{p}{\rho c^2} = \begin{cases} f(T) & \text{ideales Gas} \\ f(\rho) & \text{entartete Materie} \end{cases}} \tag{4.24}$$

In entarteter Materie ist nicht die kinetische Energie der Moleküle, sondern diejenige der Elektronen für den Druck verantwortlich. Setzt man ein Material – dabei ist es ziemlich gleichgültig, wovon man ausgeht – Drucken von einigen Millionen Atmosphären aus, so nimmt das Material metallische Eigenschaften an, und die Elektronen verhalten sich im wesentlichen wie ein freies Elektronengas.

Der hohe Druck des Elektronengases ist darauf zurückzuführen, daß Elektronen dem Pauliprinzip genügen, d.h. keine zwei Elektronen können sich im gleichen

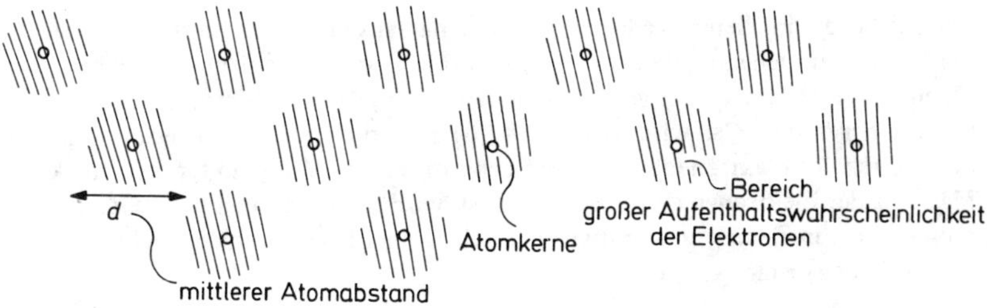

Bild 31. Elektronenverteilung im Fermigas

Quantenzustand befinden. In einem freien Elektronengas können die verschiedenen Quantenzustände durch den Impuls der Elektronen oder – wie man zeigen kann, äquivalent – auch durch den Ort der Elektronen charakterisiert werden.

Um die einzelnen Elektronen durch ihren Ort zu charakterisieren, müssen ihre Wellenfunktionen auf Gebiete der Größe d^3 konzentriert sein, wobei d der mittlere Abstand zweier Elektronen ist (Bild 31).

Schränkt man aber Teilchen auf Gebiete der Größe d ein, so erhalten diese Teilchen aufgrund der quantenmechanischen Unschärferelation einen Impuls p_F, der aus

$$p_F d \approx \hbar \tag{4.25}$$

berechnet werden kann. Durch die wechselseitige Restriktion der Elektronen auf kleine Raumgebiete erhalten diese einen mittleren Impuls und damit eine mittlere kinetische Energie

$$\epsilon_F = \frac{p_F^2}{2m} \approx \frac{\hbar^2}{md^2}, \tag{4.26}$$

die sogenannte *Fermienergie.* Je kleiner das Gebiet ist, das einem Elektron zur Verfügung steht, um so stärker steigt die Fermienergie an. *In einem hochdichten Elektronengas ist die kinetische Energie der Elektronen nicht durch die Temperatur, sondern durch die Dichte des Gases bedingt.* Dies wird stets dann der Fall sein, wenn

$$\epsilon_F \gg kT \tag{4.27}$$

gilt. Man nennt das Fermigas (Elektronengas) dann entartet.

Zur Herleitung der Zustandsgleichung eines entarteten Fermigases kann man (wenn man wieder von numerischen Faktoren absieht) die kinetische Energie kT der Teilchen des idealen Gases einfach durch ϵ_F ersetzen:

$$\frac{p}{\rho c^2} \approx \frac{\epsilon_F}{\mu c^2} \approx \frac{\hbar^2}{m\mu d^2 c^2}. \tag{4.28}$$

Bei gegebenem mittlerem Teilchenabstand d haben stets die leichtesten Teilchen die größte Fermienergie (da $\epsilon_F \propto m^{-1}$) und tragen am meisten zum Druck bei. Wenn wir etwa an hochdichte Sternmaterie denken, die aus Elektronen und Protonen zusammengesetzt ist, so wird nach Gl. (4.26) der Druck des Protonengases gegenüber dem Druck des Elektronengases zu vernachlässigen sein. Während für den Druck die Masse m der Elektronen ausschlaggebend ist, wird für die Ruhmassendichte die viel größere Protonenmasse μ verantwortlich sein. Daher hängt auch die Dichte ρ mit dem Teilchenabstand d nach

$$\rho \approx \frac{m+\mu}{d^3} \approx \frac{\mu}{d^3} \tag{4.29}$$

zusammen. Setzt man dies in Gl. (4.28) ein, so ergibt sich als Zustandsgleichung

$$\frac{p}{\rho c^2} \approx \frac{\hbar^2 \rho^{\frac{2}{3}}}{m\mu^{\frac{5}{3}} c^2} = \frac{m}{\mu} \left(\frac{\rho}{\rho_C}\right)^{\frac{2}{3}}. \tag{4.30}$$

Dabei ist

$$\rho_C = \frac{\mu}{(\hbar/mc)^3} \tag{4.31}$$

diejenige Dichte, bei der der mittlere Abstand der Protonen (und damit auch der Elektronen) gerade auf die Elektron-Compton-Wellenlänge $\lambda_e = \hbar/mc \approx 4 \cdot 10^{-13}$ m gesunken ist. Numerisch ist $\rho_C \approx 3 \cdot 10^{10}$ kg/m^3.

Die oben gegebene Formulierung der Zustandsgleichung (4.30) hat den Vorteil, zwei Dinge klar zu machen: Erstens bringt der Faktor m/μ zum Ausdruck, daß der Druck durch die Elektronen (Masse m), die Ruhmassendichte ρ dagegen durch die Protonen (Masse μ) bewirkt ist. Zweitens tritt aber gerade bei der Dichte ρ_C eine entscheidende Änderung ein: Setzen wir nämlich den in diesem Fall gegebenen mittleren Abstand $d \approx \lambda_e = \hbar/mc$ der Elektronen in Gl. (4.25) ein, so folgt

$$\frac{p \cdot \hbar}{mc} \approx \hbar, \quad p \approx mc. \tag{4.32}$$

Die Bewegung der Elektronen erfolgt in diesem Fall fast mit Lichtgeschwindigkeit, ist also relativistisch, so daß wir den aus der speziellen Relativitätstheorie folgenden Zusammenhang zwischen Energie und Impuls zu verwenden haben. Dieser lautet[1)]

$$\epsilon_F \approx p \cdot c. \tag{4.33}$$

1) Die folgende Relation gilt allerdings nur für extrem relativistische Teilchen, wir können sie in unserer näherungsweisen Behandlung aber auch für Elektronen im relativistischen Grenzbereich (Gl. (4.32)) verwenden.

Setzt man dies in Gl. (4.28) ein, so ergibt sich nach kurzer Rechnung

$$\frac{p}{\rho c^2} \approx \frac{m}{\mu}\left(\frac{\rho}{\rho_C}\right)^{\frac{1}{3}}, \quad \rho > \rho_C. \tag{4.34}$$

Unsere bisherigen Resultate können wir damit folgendermaßen zusammenfassen: Die Zustandsgleichung für entartete Materie lautet

$$\boxed{f(\rho) = \frac{p}{\rho c^2} \approx \frac{m}{\mu}\left(\frac{\rho}{\rho_C}\right)^{\frac{n}{3}}} \tag{4.35}$$

wobei $n = 2$ für $\rho < \rho_C \approx 3 \cdot 10^{10}$ kg/m³ und $n = 1$ für $\rho > \rho_C$ ist. Mit Gl. (4.35) haben wir eine Zustandsgleichung gefunden, die in dem Gebiet 10^4 kg/m³ $< \rho < 10^{13}$ kg/m³ mit exakteren Rechnungen gut übereinstimmt (siehe Bild 33).

4.5. Die Theorie Weißer Zwerge

Wir können nun daran gehen, Sternmodelle im Dichtebereich 10^4 kg/m³ bis 10^{13} kg/m³ zu konstruieren. Es werden dies die Weißen Zwerge sein, deren Masse, Dichte und Radius wir berechnen können. Unser Ausgangspunkt ist die Gleichungskette (4.17)

$$\frac{\mathfrak{R}}{R} \approx \frac{GM}{Rc^2} \approx \frac{p}{\rho c^2} = f(\rho), \tag{4.36}$$

wobei $f(\rho)$ durch Gl. (4.35) gegeben ist. Wegen $M \approx \rho R^3$ wird

$$f(\rho) \approx \frac{GM}{Rc^2} \approx \frac{GM}{c^2 (M/\rho)^{\frac{1}{3}}} \approx \frac{GM^{\frac{2}{3}}\rho^{\frac{1}{3}}}{c^2} \tag{4.37}$$

oder, nach M aufgelöst,

$$M(\rho) \approx \frac{f(\rho)^{\frac{3}{2}}}{\sqrt{\rho}} \cdot \frac{c^3}{G^{\frac{3}{2}}}. \tag{4.38}$$

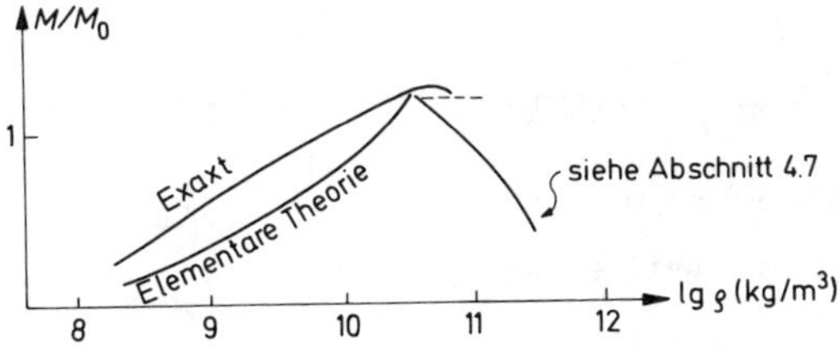

Bild 32
Die Massen-Dichte-Beziehung für Weiße Zwerge

Setzen wir $f(\rho)$ aus Gl. (4.35) ein, so können wir die Masse der Weißen Zwerge als Funktion ihrer mittleren Dichte ρ berechnen

$$M(\rho) = \frac{1}{\sqrt{\rho}}\left(\frac{m}{\mu}\right)^{\frac{3}{2}}\left(\frac{\rho}{\rho_C}\right)^{\frac{n}{2}} \cdot \frac{c^3}{G^{\frac{3}{2}}}$$

$$M(\rho) = \begin{cases} \left(\dfrac{mc^2}{G\mu}\right)^{\frac{3}{2}} \cdot \dfrac{\sqrt{\rho}}{\rho_C} & \rho < \rho_C \\ \\ \left(\dfrac{mc^2}{G\mu}\right)^{\frac{3}{2}} \cdot \dfrac{1}{\sqrt{\rho_C}} & \rho > \rho_C \end{cases} \tag{4.39}$$

Dieses Massenspektrum ist in Bild 32 mit den Vorhersagen exakter Berechnungen verglichen.

$M(\rho)$ hat nach Gl. (4.39) eine obere Grenze, die *Chandrasekhar-Grenze* M_C, die für $\rho = \rho_C$ erreicht wird. Setzen wir ρ_C aus Gl. (4.31) in Gl. (4.39) ein, so ergibt sich für M_C

$$M_C = \left(\frac{mc^2}{G\mu}\right)^{\frac{3}{2}} \frac{1}{\sqrt{\rho_C}} = \left(\frac{mc^2}{G\mu}\right)^{\frac{3}{2}}\left(\frac{\hbar}{mc}\right)^{\frac{3}{2}} \frac{1}{\sqrt{\mu}} =$$

$$\boxed{\text{Chandrasekhar-Grenze } M_C = \left(\frac{\hbar c}{G\mu^2}\right)^{\frac{3}{2}} \mu} \tag{4.40}$$

Da μ ebenso wie M_C die Dimension einer Masse hat, muß der Klammerausdruck in Gl. (4.40) dimensionslos sein.

Tatsächlich ist

$$\alpha_G = \frac{G\mu^2}{\hbar c} \approx 6 \cdot 10^{-39} \tag{4.41}$$

eine dimensionslose Konstante, die Feinstrukturkonstante der Gravitation. α_G charakterisiert die Stärke der Gravitationswechselwirkung, ebenso wie die Sommerfeldsche Feinstrukturkonstante

$$\alpha = \frac{e^2}{4\pi\epsilon_0\hbar c} = \frac{1}{137}$$

die Stärke elektromagnetischer Wechselwirkungen angibt (e ist die elektr. Elementarladung).

Setzen wir Gl. (4.41) in Gl. (4.40) ein, so folgt

$$M_C \approx \alpha_G^{-\frac{3}{2}} \mu \approx 2 \cdot 10^{57} \mu \approx 3 \cdot 10^{30}\,\text{kg} \approx 1{,}5\, M_\odot\,. \tag{4.42}$$

Gl. (4.40) zeigt, daß M_C auch $\hbar$ enthält. Daraus folgt:

Das Plancksche Wirkungsquantum $\hbar$ bestimmt nicht nur die Struktur der Atome, sondern auch die Massenskala und den inneren Aufbau der Sterne.

Tatsächlich könnte man das Plancksche Wirkungsquantum gemäß Gl. (4.40) der Größenordnung nach aus der Kenntnis der Sonnenmasse bestimmen!

Die Resultate, die wir hier gewonnen haben, sind von größter Bedeutung für unser Verständnis des Universums, da sie zeigen, daß die Sterne nicht zufällig die eine oder andere Größenordnung haben. Wir können vielmehr die Struktur der Himmelskörper (zumindest der weißen Zwerge) systematisch aus den bekannten Gesetzen der Physik herleiten. Wie weit dies allgemein möglich ist, werden wir in Abschnitt 10 beim Studium der Kosmogonie näher untersuchen.

Die *Radien Weißer Zwerge* folgen aus

$$R \approx \left(\frac{M}{\rho}\right)^{\frac{1}{3}} = \left(\frac{M_C}{\rho_C}\right)^{\frac{1}{3}} \left(\frac{M}{M_C}\right)^{\frac{1}{3}} \left(\frac{\rho_C}{\rho}\right)^{\frac{1}{3}} \tag{4.43}$$

und der aus Gl. (4.39) abgeleiteten Beziehung

$$M = M_C \left(\frac{\rho}{\rho_C}\right)^{\frac{1}{2}} \tag{4.44}$$

zu

$$R = R_C \left(\frac{\rho_C}{\rho}\right)^{\frac{1}{6}} \qquad R_C = \left(\frac{M_C}{\rho_C}\right)^{\frac{1}{3}}, \tag{4.45}$$

wobei R_C der Radius des schwersten Weißen Zwerges ist. Mit

$$M_C \approx \alpha_G^{-\frac{3}{2}} \mu, \quad \rho_C \approx \mu \lambda_e^{-3}$$

erhalten wir

$$\boxed{R_C \approx \lambda_e \, \alpha_G^{-\frac{1}{2}} \approx 10^7 \text{ m}} \tag{4.46}$$

Die typische Größe Weißer Zwerge ist somit einige tausend Kilometer.

Aus den Gln. (4.44) und (4.45) folgt eine weitere bemerkenswerte Beziehung

$$\boxed{MR^3 \approx M_C R_C^3} \tag{4.47}$$

Die Radien Weißer Zwerge fallen mit steigender Masse. Relativistische Effekte sind für Weiße Zwerge von der Größenordnung

$$\boxed{\delta \approx \frac{\Delta\nu}{\nu} \approx \frac{\Delta M}{M} \approx \frac{\Re}{R} \approx \frac{p}{\rho c^2} \approx f(\rho) \approx \frac{m}{\mu}\left(\frac{\rho}{\rho_C}\right)^{\frac{2}{3}} \approx 10^{-4}} \tag{4.48}$$

Die Größenordnung von Lichtablenkung und Rotverschiebung an Weißen Zwergen ist vor allem durch das Verhältnis von Elektron- zu Protonmasse bestimmt. Es ist interessant zu sehen, wie hier Elementarteilchenphysik, allgemeine Relativitätstheorie und Astrophysik ineinandergreifen!

Der bekannteste Weiße Zwerg ist *Sirus B*, der 1834 von *Bessel* zur Erklärung der Bahnbewegung des Sirus (sinusförmig pendelnd) postuliert wurde und 18 Jahre später von *Clark* entdeckt wurde. Seine Daten sind

Masse	$1{,}02\,M_\odot$
Dichte	$3 \cdot 10^9\,\text{kg/m}^3$
Radius	5400 km
Rotverschiebung	$2{,}7 \cdot 10^{-4}$

Sirius B wurde zunächst für einen gewöhnlichen, sehr lichtschwachen Stern gehalten. Spektroskopische Untersuchungen zeigten aber 1914, daß Sirius B sehr hohe Oberflächentemperatur (24 000 K) aufweist und daher weiß leuchtet. Die Lichtschwäche von Sirius B war nicht auf niedere Temperatur, sondern auf die kleine Oberfläche dieses Sterns zurückzuführen.

In der Folge wurde eine große Zahl Weißer Zwerge entdeckt. Ihre Dichte in der Erdumgebung schätzt man auf etwa 0,001 Weiße Zwerge/Kubiklichtjahr, was einem mittleren Abstand von 10 Lichtjahren entspricht. Weiße Zwerge sind damit ein wesentlicher Bestandteil unserer Galaxis.

4.6. Monde, Planeten und Weiße Zwerge

In Abschnitt 4.5 haben wir die obere Massengrenze M_C für Weiße Zwerge hergeleitet, der eine untere Grenze der Radien dieser Sterne entspricht. Hier werden wir die untere Schranke M_P der Massen Weißer Zwerge kennenlernen, die den Bereich der Sterne von demjenigen der Planeten trennt.

Dazu wird zunächst die Zustandsgleichung (4.35) im Bereich kleiner Dichten zu verbessern sein. Während Gl. (4.35) $\rho \to 0$ für $p \to 0$ vorhersagt, ist die Dichte kalter Materie auch bei verschwindendem Druck endlich. Zwar hängt der Wert von $\rho(p = 0) = \rho_0$ von der chemischen Zusammensetzung der Materie ab, doch ist die Größenordnung

$$\boxed{\rho_0 \approx \frac{\mu}{r_B^3} \approx 8000\ \text{kg/m}^3} \tag{4.49}$$

für alle Planeten und deren Monde, aber auch für irdische Dinge charakteristisch.

Dabei ist

$$r_B = \frac{\lambda_e}{\alpha} = 0{,}5 \cdot 10^{-10}\,\text{m} \tag{4.50}$$

der Bohrsche Radius ($\alpha = 1/137$ ist die bereits erwähnte Feinstrukturkonstante und $\lambda_e \approx 10^{-12}$ m die Compton-Wellenlänge des Elektrons).

Den genannten Objekten ist gemeinsam, daß ihr atomarer Aufbau durch elektromagnetische Wechselwirkungen bestimmt ist. Der durch die Schwerkraft bedingte Druck beeinflußt die innere Struktur nur unwesentlich. Wenn die Masse und damit der Druck jedoch einen Schwellenwert überschreiten, bricht die atomare Struktur zusammen, und die in Abschnitt 4.4 gegebene Beschreibung der Materie wird anwendbar.

Dieser Schwellenwert bildet die Grenze zwischen Planeten und weißen Zwergen. Um ihn zu berechnen, soll die Zustandsgleichung (4.35), wie in Bild 33 gezeigt, verbessert werden.

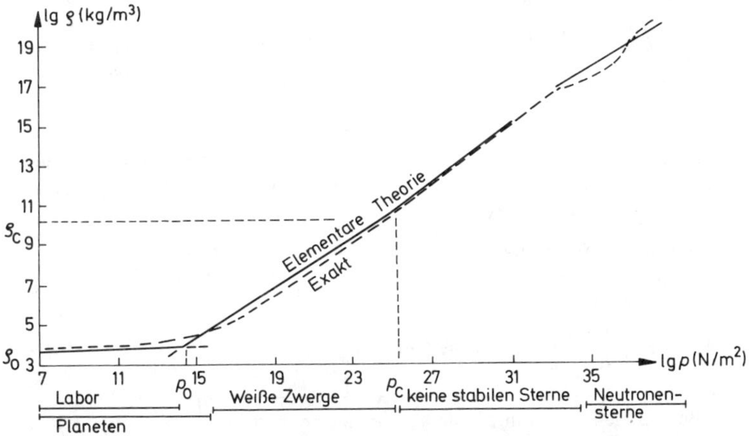

Bild 33. Verbesserte Zustandsgleichung: Für $p < p_0$ setzen wir $\rho = \rho_0$, für $p > p_0$ ist ρ durch Gl. (4.35) gegeben. Der Vergleich mit exakten Resultaten (Harrison-Wheeler-Zustandsgleichung) zeigt, daß die naive Theorie eine ausgezeichnete Näherung ist!

Für kleine Drücke nähern wir die Dichte $\rho(p)$ durch den konstanten Wert $\rho(p) = \rho_0$, während für $p > p_0$ die Funktion $\rho(p)$ durch Gl. (4.35) gegeben ist. Der Übergangspunkt p_0, an dem der atomare Aufbau zusammenbricht, ist dabei durch den Schnitt der Geraden $\rho = \rho_0$ mit der durch Gl. (4.35) gegebenen Kurve definiert.

Die Relation zwischen Radius und Masse ist wegen $\rho = \rho_0$ für $p < p_0$ durch

$$M \approx \rho_0 R^3 \qquad (p < p_0) \tag{4.51}$$

gegeben. Dagegen ist für $p > p_0$ die für Weiße Zwerge gültige Beziehung (4.47)

$$MR^3 = M_C R_C^3 \qquad (p > p_0) \tag{4.52}$$

anzuwenden.

Zur Berechnung von p_0 stellen wir die Gln. (4.51) und (4.52) in einem Massen-Radius-Diagramm dar (Bild 34).

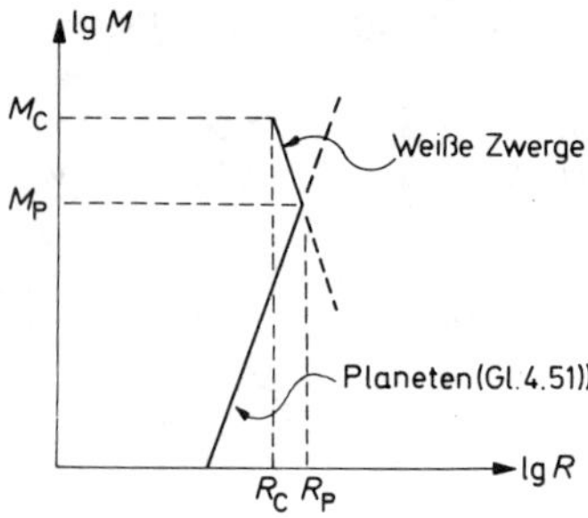

Bild 34
Massen-Radius-Beziehung für Planeten und Weiße Zwerge

Der Schnittpunkt der beiden Kurven liefert die maximale Masse M_P und den maximalen Radius R_P, den ein Planet haben kann. Zugleich ist M_P die gesuchte untere Massengrenze Weißer Zwerge.

Zur Berechnung von M_P setzen wir $\rho = \rho_0$ in der Massenformel (4.44) für Weiße Zwerge und erhalten unter Benützung der Gln. (4.49) und (4.50)

$$M_P = M_C \left(\frac{\rho_0}{\rho_C}\right)^{\frac{1}{2}} \approx M_C \cdot \alpha^{\frac{3}{2}} \approx 2 \cdot 10^{27}\,\text{kg}. \tag{4.53}$$

Weiße Zwerge können nur in dem engen Massenbereich $M_C \approx 3 \cdot 10^{30}\,\text{kg} > M > 2 \cdot 10^{27}\,\text{kg} \approx M_P$ existieren.	(4.54)

Der Massenbereich, der $\rho = \rho_0$ entspricht $(p < p_0)$, ist dagegen enorm: Er reicht vom einzelnen Wasserstoffatom mit Masse μ bis zu $M_P \approx 10^{54}\,\mu \approx 2 \cdot 10^{27}$ kg.

In Bild 35 sind die Ergebnisse der hier hergeleiteten einfachen Theorie den Resultaten detaillierter Rechnungen (bei denen auch die chemische Zusammensetzung berücksichtigt wird) gegenübergestellt. Die ebenfalls in Bild 35 angegebenen Daten der Monde und Planeten des Sonnensystems und einiger benachbarter Weißer Zwerge zeigen die ausgezeichnete Übereinstimmung von Theorie und Beobachtung.

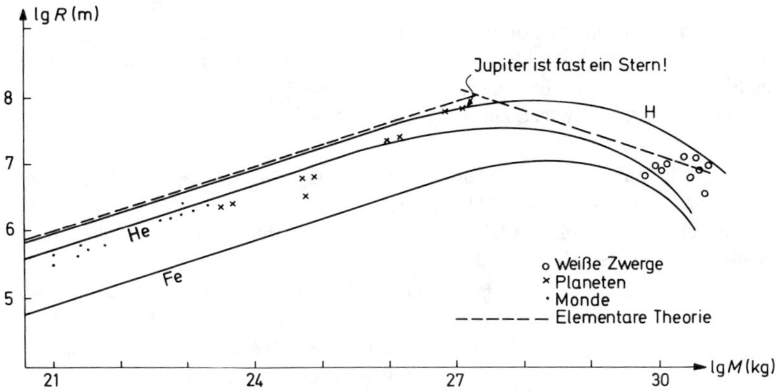

Bild 35. Massen-Radien-Beziehung für Weiße Zwerge, Planeten und deren Monde nach *Dehnen*. Die drei theoretischen Kurven beziehen sich auf Körper, die aus Wasserstoff (H), Helium (He) bzw. Eisen (Fe) bestehen.

Aufgaben

15. Hochdruckphysik

Berechnen Sie den Druck p_0 numerisch, bei dem die atomare Struktur zusammenbricht. Zeigen Sie, daß dieser Druck – wie in Bild 33 angegeben – etwa eine Größenordnung über den in Laborexperimenten erreichten Drücken liegt. Ist das Zufall?

16. Planetenradien

Berechnen Sie die obere Grenze R_P des Radius, den Planeten bzw. Weiße Zwerge haben können. Vergleichen Sie das Ergebnis mit dem Radius des Jupiter!

4.7. Neutronensterne

Eine der wesentlichsten Entwicklungen der Astronomie der letzten Jahre war die Entdeckung der Pulsare durch *Hewish* und seine Mitarbeiter im Jahre 1968 und ihre darauf folgende Identifizierung mit Neutronensternen.

Bevor wir auf diese Entdeckung näher eingehen, wollen wir hier die ebenso interessante theoretische Herleitung der Eigenschaften von Neutronensternen geben, die auf *Landau* (1932) und *Oppenheimer* und *Volkoff* (1939) zurückgeht.

Dazu müssen wir zunächst die in Gl. (4.35) hergeleitete Zustandsgleichung auf den Dichtebereich $10^{13}\ \mathrm{kg/m^3} < \rho < 10^{20}\ \mathrm{kg/m^3}$ erweitern. Charakteristisch für diesen Dichtebereich ist, daß die Fermienergie der Elektronen so stark steigt, daß *inverser β-Zerfall*

$$e + p \to n + \nu_e \tag{4.55}$$

stattfindet (e = Elektron, p = Proton, n = Neutron, ν_e = Neutrino).

Die Neutronen sind zwar um 1 MeV (also etwa 2 Elektronenmassen) schwerer als die Protonen, doch wird wegen des Wegfalls der Fermienergie ϵ_F der Elektronen bei der obigen Reaktion Energie frei[1]). Immer mehr Neutronen entstehen bei steigender Dichte und bauen zunächst sehr neutronenreiche schwere Atomkerne auf.

Die durch den inversen β-Zerfall bedingte Verringerung der Zahl der Elektronen bewirkt, daß der Druck mit der Dichte nicht wie in Gl. (4.35) angegeben ansteigt, sondern schwächer wird. Das führt zu dem in Bild 32 eingetragenen Abfallen der Gleichgewichtsmasse $M(\rho)$ mit der Dichte.

Überschreitet ρ aber 10^{16} kg/m^3, so beginnen sich die individuellen Atomkerne aufzulösen, und einheitliche Neutronenmaterie resultiert. Nun steigt allmählich auch der Druck wieder stärker an, *da die Neutronen die Rolle der Elektronen übernehmen* und ihre Fermienergie mit wachsender Dichte ansteigt.

Um $f(\rho)$ in diesem Dichtebereich zu ermitteln, brauchen wir nur in allen vorhergehenden Formeln die Elektronenmasse m durch die Neutronenmasse μ (die etwa gleich der Protonenmasse ist) zu ersetzen. Als Zustandsgleichung ergibt sich dann dann an Stelle von Gl. (4.35)

$$f(\rho) = \frac{p}{\rho c^2} \approx \left(\frac{\rho}{\rho_1}\right)^{\frac{n}{3}} \qquad \begin{matrix} n = 2 & \rho < \rho_1 \\ n = 1 & \rho > \rho_1 \end{matrix} \tag{4.56}$$

$$\rho_1 = \frac{\mu}{(\hbar/\mu c)^3} \approx 10^{20}\ \mathrm{kg/m^3}. \tag{4.57}$$

ρ_1 ist die Dichte, bei der die Neutronen infolge ihrer Fermienergie relativistische Geschwindigkeit $v \approx c$ annehmen. Führen wir die Ersetzung $m \to \mu$ auch in Gl. (4.39) aus, so folgt

$$M(\rho) = \begin{cases} \left(\dfrac{c^2}{G}\right)^{\frac{3}{2}} \cdot \dfrac{\sqrt{\rho}}{\rho_1} = M_C \cdot \sqrt{\dfrac{\rho}{\rho_1}} & \rho < \rho_1 \\ M_C & \rho > \rho_1 \end{cases} \tag{4.58}$$

Die obere Massengrenze für Neutronensterne, die für $\rho = \rho_1$ erreicht wird, ist die gleiche wie für Weiße Zwerge, da m in die Chandrasekhar-Grenze (Gl. (4.40)) nicht eingeht.

---

[1]) Ähnliche Gründe sind dafür maßgeblich, daß Neutronen im Atomkern nicht zerfallen: Das entstehende Proton müßte einen energetisch so ungünstigen Energieeigenwert im Kern besetzen, daß der Zerfall nicht zustande kommt.

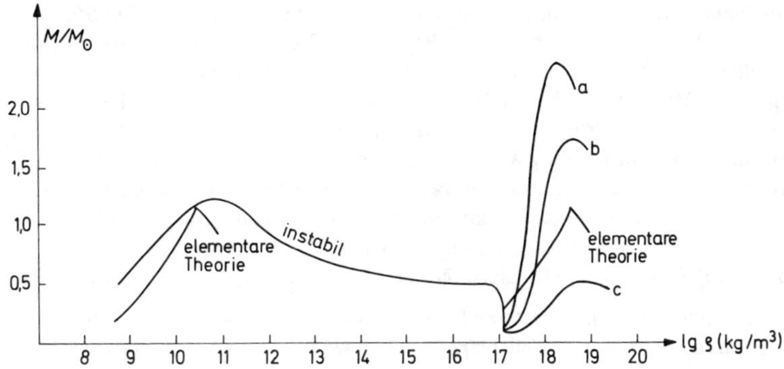

Bild 36. Massenspektrum entarteter Sterne; Vergleiche der elementaren Theorie mit exakten Rechnungen.

Das vollständige Spektrum entarteter Sterne hat daher die in Bild 36 gezeigte Form.

Bild 36 zeigt außer den Resultaten unseres elementaren Modells auch die Ergebnisse „exakter Rechnungen". Die Kurven (a, b, c) resultieren aus verschiedenen Modellannahmen über das Verhalten von Materie bei hohen Drücken. Ihre starke Unterschiedlichkeit rührt von der Schwierigkeit her, die in der Kernmaterie vorherrschende „starke Wechselwirkung" zwischen den Elementarteilchen theoretisch zu erfassen. Unsere einfachen Näherungsannahmen geben aber das Verhalten der Kurve $M(\rho)$ zumindest qualitativ wieder (Bild 36).

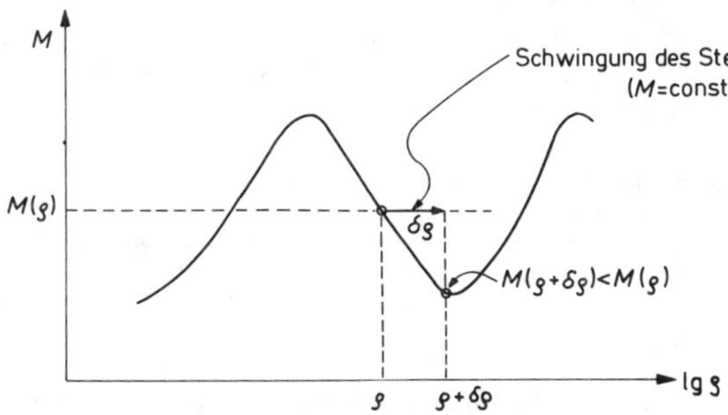

Bild 37. Im Bereich, in dem die Gleichgewichtskurve abfällt, gibt es keine stabilen Sterne!

Im Dichtebereich 10^{11} kg/m^3 $< \rho < 10^{16}$ kg/m^3 *gibt es keine stabilen Sterne.* Der Grund dafür ist leicht einzusehen: Beginnt ein Stern dieser Dichte zu schwingen und kollabiert dabei etwas (so daß $\rho \to \rho + \delta\rho$), so ist bei der vergrößerten Dichte nurmehr die Masse $M(\rho + \delta\rho) < M(\rho)$ stabil (Bild 37). Der Stern kollabiert daher weiter, bis er den Neutronenstern-Ast des Bildes erreicht. Beginnt dagegen ein Neutronenstern oder ein Weißer Zwerg zu oszillieren, so erreicht er bei $\rho + \delta\rho$ einen Dichtebereich, bei dem sogar eine größere Masse $M(\rho + \delta\rho) > M(\rho)$ stabil ist. Der Stern kehrt daher zur Ausgangsdichte ρ zurück. Schwingt der Stern umgekehrt zu $\rho - \delta\rho$, d. h. expandiert er etwas, so ist bei der geringeren Dichte nur $M(\rho - \delta\rho) < M(\rho)$ stabil. Der Stern fällt daher zur ursprünglichen Dichte zurück.

Die Radien der Neutronensterne folgen aus Gl. (4.46) bzw. Gl. (4.47), indem wir λ_e durch die Compton-Wellenlänge des Neutrons $\lambda_n \approx 10^{-16}$ m ersetzen. Es ist

$$\boxed{MR^3 \approx M_C R_n^3} \tag{4.59}$$

$$\boxed{R_n \approx \lambda_n \alpha_G^{-\frac{1}{2}} \approx 10\ \text{km}} \tag{4.60}$$

Neutronensterne sind demnach nur einige Kilometer große Objekte, die aber etwa Sonnenmasse aufweisen.

Das Verhältnis von Schwarzschildradius zu Radius und damit die *Größenordnung relativistischer Effekte* ist nach Gl. (4.56) bzw. (4.17)

$$\boxed{\delta \approx \frac{\Delta\nu}{\nu} \approx \frac{\Delta M}{M} \approx \frac{\mathcal{R}}{R} \approx \frac{p}{\rho c^2} \approx f(\rho) \approx \left(\frac{\rho}{\rho_1}\right)^{\frac{2}{3}} \approx 1} \tag{4.61}$$

Während bei normalen Sternen das Verhältnis der Energieniveau-Abstände im Atomkern der kleine Parameter war und bei weißen Zwergen das Verhältnis von Elektron- zu Protonmasse die relativistischen Effekte nicht allzu bedeutend werden läßt, tritt bei Neutronensternen kein derartiger Parameter auf:

Relativistische Effekte sind für Neutronsterne von der Größenordnung eins.

4.8. Strukturen im Kosmos

Die in diesem Abschnitt gewonnenen Resultate lassen sich in einprägsamer Weise in einem Bild zusammenfassen, das einen Überblick über die Strukturen gibt, die wir im Kosmos vorfinden.

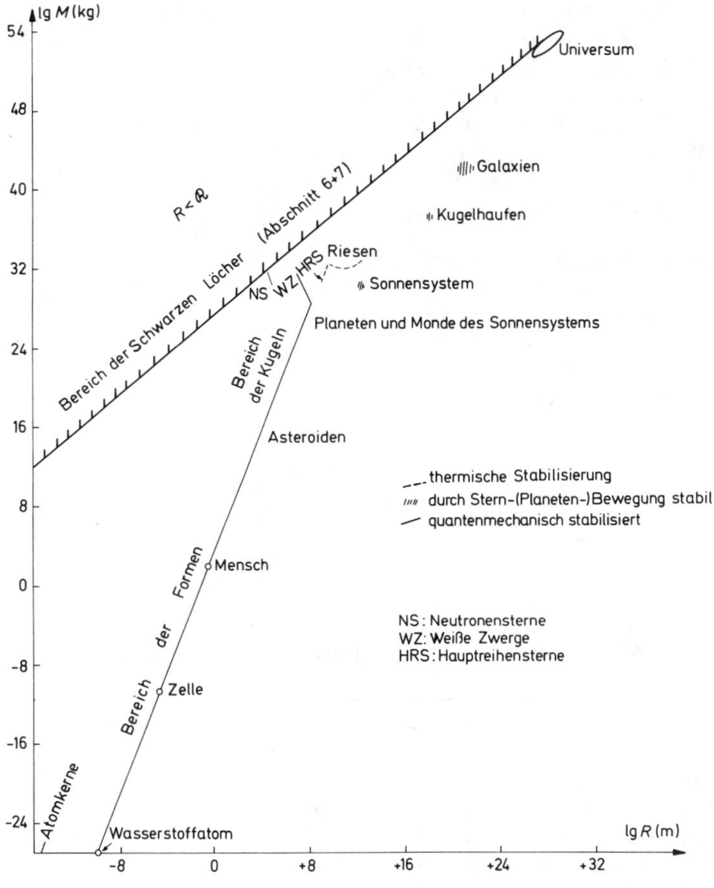

Bild 38. Massen-Radius-Diagramm der Strukturen im Kosmos

Die in Bild 38 als „quantenmechanisch stabilisiert" bezeichneten Strukturen waren Gegenstand der Überlegungen dieses Abschnitts. Diese Strukturen sind dadurch charakterisiert, daß sie auch bei Temperatur $T \to 0$ und ohne jede Rotation stabil sind.

Die strichliert eingetragenen Hauptreihensterne und Riesen sind dagegen thermisch stabilisiert. Diese Gebilde sind nur solange stabil, als sie ihre innere Temperatur aufrecht erhalten können. Bild 38 wirft dabei eine bedeutende Frage auf: Für entartete Sterne (Neutronensterne und Weiße Zwerge) ist die Chandrasekhar-Grenze M_C zugleich obere Massenschranke und charakteristische Größenordnung. Warum finden sich auch normale Sterne im Massenbereich $M \approx M_C$? Speziell ist $\hbar$ wesentlich für die Berechnung von M_C. Wie geht $\hbar$ in die Struktur normaler Sterne ein? Diese Fragen sollen in Aufgabe 17 beantwortet werden.

Die in Bild 38 schraffiert eingetragenen Gebilde verdanken ihre Stabilität der kinetischen Energie der in ihnen enthaltenen Sterne (Planeten). Sonnensysteme, Sternhaufen und Galaxien sind hierher zu zählen.

Den Sinn der Angaben über das Universum werden wir in Abschnitt 9 erörtern.

Bild 38 ist durch die Gleichungskette

$$\delta \approx \frac{\Delta \nu}{\nu} \approx \frac{\Delta M}{M} \approx \frac{\mathcal{R}}{R} \approx \frac{p}{\rho c^2} = f(\rho, T) = \begin{cases} \dfrac{kT}{\mu c^2} & \approx 10^{-6} \quad \text{HRS} \\ \dfrac{m}{\mu}\left(\dfrac{\rho}{\rho_0}\right)^{\frac{2}{3}} & \approx 10^{-4} \quad \text{WZ} \\ \left(\dfrac{\rho}{\rho_1}\right)^{\frac{2}{3}} & \approx 1 \quad \text{NS} \end{cases} \tag{4.62}$$

zu ergänzen, die die Größenordnung der relativistischen Effekte angibt.

> Die *Grundfragen der Kosmogonie,* die von Bild 38 nahegelegt werden, lauten:
>
> Warum gibt es gerade diese Strukturen im Kosmos?
> Wie sind diese Strukturen im Kosmos entstanden?
> Wie häufig sind diese Strukturen?
> Gibt es noch andere Strukturen im Universum?

Die erste Frage haben wir teilweise in diesem Abschnitt beantworten können. Die Massen der quantenmechanisch und thermisch stabilisierten Strukturen konnten wir auf einfache Weise theoretisch bestimmen.

Viel schwieriger ist es, die durch Rotation stabilisierten Gebilde zu verstehen. Sonnensystem, Galaxien und Sternhaufen sind heute erst ansatzweise erklärbar. Wir werden dieses Thema in Abschnitt 10 wieder aufnehmen und dort versuchen, die gegenwärtige Diskussion der Grundfragen der Kosmogonie in ihrer Problematik zu skizzieren.

Aufgaben

17. Die Massen der Hauptreihensterne

Für entartete Sterne haben wir den Massenbereich $10^{-3} M_\odot \leqslant M \leqslant 2M_\odot$ als stabilen Bereich gefunden, wobei die Sonnenmasse als charakteristische Einheit wesentlich durch $\hbar$ bestimmt ist. Es ist bemerkenswert, daß auch die (nicht entarteten) Hauptreihensterne einen ähnlichen Stabilitätsbereich aufweisen, etwa $10^{-2} M_\odot \leqslant M \leqslant 60 M_\odot$. Die untere Grenze ist durch die Mindestgröße bedingt, die für das Einsetzen von Kernrekationen benötigt wird.

Die obere Schranke ist dagegen dadurch gegeben, daß der Strahlungsdruck

$$p_R \approx \frac{(kT)^4}{(\hbar c)^3}$$

größer als der Gasdruck p im Sterninnern wird, was Instabilitäten zur Folge hat. Zeigen Sie, daß die Bedingung $p_R < p$ unter Weglassung aller numerischen Faktoren auf $M < M_\odot$ führt. (Korrekt wäre $M \leqslant 100 M_\odot$.)

18. Planeten und Monde

Planeten und Monde unterscheiden sich von kleineren Körpern dadurch, daß ihre Bindungsenergie E_B durch die Gravitation bestimmt wird und nicht durch Festkörpereffekte (wie z. B. Meteore). Zeigen Sie, daß dies für Massen

$$M > M_m \approx M_P \left(\frac{\epsilon}{A} \alpha^2 \, mc^2 \right)^{\frac{3}{2}} \approx 10^{-5} M_P \approx 10^{22}\,\text{kg}$$

der Fall ist, wobei $\epsilon \approx 1$ eV die Bindungsenergie pro Atom ist, die durch Festkörpereffekte bewirkt wird, und $A \approx 50$ die Massenzahl der Atome. *M_m ist die minimale Masse eines Planeten bzw. Mondes,* wie die folgende Aufgabe noch näher illustriert.

19. Formen und Kugeln

Während der Marsmond Phobos (siehe Bild) deutlich von der Kugelgestalt abweicht, ist der Erdmond fast rund. Der Grund dafür ist in der höheren Masse des Erdmondes zu suchen: Ab einer gewissen Grenzmasse sind geometrische Formen, die von der Kugel abweichen, wegen der übergroßen Schwerkraft nicht möglich. Diesen Effekt können wir abschätzen (Bild 39), indem wir die maximal mögliche Höhe von Bergen auf Planeten berechnen.

Die Errichtung eines Berges der Höhe H und Masse m erfordert die Aufbringung einer potentiellen Energie der Größenordnung (g ist die lokale Schwerebeschleunigung)

$$E \approx m \cdot g \cdot H = N \cdot \mu \cdot A \cdot H \cdot g.$$

Der Berg wird stabil sein, falls diese Energie kleiner als die Bindungsenergie des Berges $E_B \approx N \cdot \epsilon$ ist:

$$E_B \approx N \cdot \epsilon > N \cdot \mu \cdot A \cdot H \cdot \left(\frac{MG}{R^2} \right).$$

Zeigen Sie, daß diese Bedingung auf

$$\frac{H}{R} < \left(\frac{M_m}{M} \right)^{\frac{2}{3}} = \left(\frac{R_m}{R} \right)^2$$

führt. Gebilde mit $M \gg M_m$ können keine wesentliche Abweichung von der Kugelgestalt aufweisen.

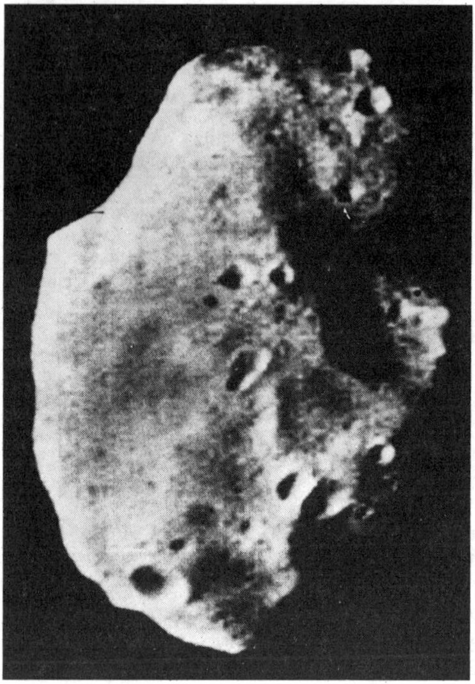

Bild 39

Der Marsmond Phobos, photographiert von Mariner 9 im Jahre 1971. Der Marsmond zeigt deutliche Abweichung von der Kugelgestalt

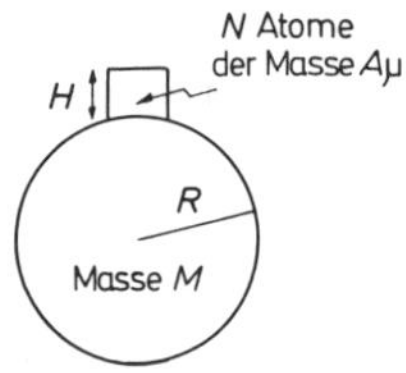

Bild 39a

Zur Höhe von Bergen

5. Pulsare

5.1. Die Entdeckung der Pulsare

Im Sommer 1967 begann das neue Radioteleskop in Cambridge zu arbeiten. Es sollte Szintillationen der Radiogalaxien studieren, die durch Plasmawolken im Sonnenwind bedingt sind. Man sucht dabei nach Schwankungen des Radiosignals, die unregelmäßig mit charakteristischen Zeiten von Sekundenbruchteilen auftreten.

Im Laufe des Jahres 1967 zeigte sich aber, daß das Radioteleskop aus einer bestimmten Himmelsrichtung ein völlig regelmäßiges Signal empfing, das etwa einmal je Sekunde mit einer Dauer von etwa 20 Millisekunden auftrat.

Da Signale mit einer Dauer von $\tau = 2 \cdot 10^{-2}$ s nur von Objekten kleiner als $R \leqslant c\tau = 3 \cdot 10^8 \cdot 2 \cdot 10^{-2}$ m $= 6 \cdot 10^6$ m $= 6000$ km emittiert werden können, dachte man zunächst an Planeten und an unbekannte neue Zivilisationen, die versuchen, mit uns in Kontakt zu treten. Folglich wurden die ersten 4 Pulsare in Cambridge mit LGM 1, 2, 3 und 4 bezeichnet, was "**L**ittle **G**reen **M**en" bedeutet (Einwohner anderer Planeten sind aus irgendeinem Grund immer als grün zu denken).

Tatsächlich legt die komplizierte Form der von den Pulsaren ausgehenden Radiopulse die Idee strukturierter Signale nahe (Bild 40).

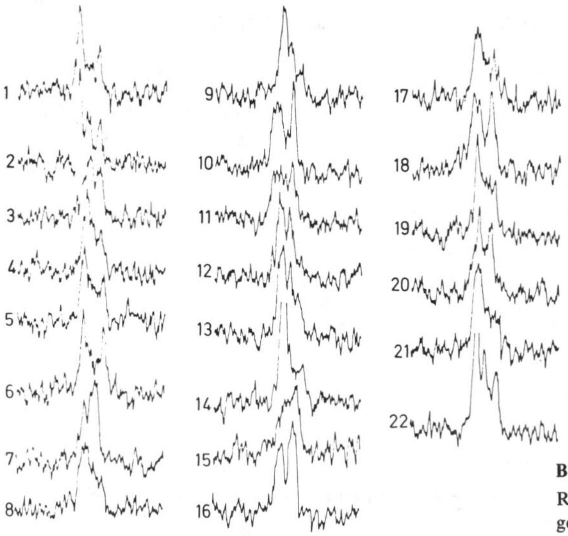

Bild 40
Reihe aufeinander folgender Pulse von CP 1919

Nachdem die Interpretation der Pulsare als Signale entfernter Zivilisationen wegen der enormen Energie der beobachteten Strahlung nicht aufrechterhalten werden konnte, zerfiel das Problem der Erklärung der Pulsarsignale bald in zwei Teilprobleme:

> *Grundprobleme der Pulsarphysik:*
> Welche Körper sind imstande, die beobachteten Signale auszusenden?
> Was ist der Mechanismus der Emission der Strahlung?

Während das zweite Problem noch als weitgehend ungelöst betrachtet werden muß, konnte sehr bald Einigung darüber erzielt werden, daß es sich bei den Pulsaren um Neutronensterne handelt.

Ein wesentliches Argument dafür liegt in der *Kürze der Pulsarperioden,* deren kleinste, die des Pulsars im Crab-Nebel (NP 0532), τ = 0,033 s beträgt. Wenn wir annehmen, daß die Periodizität der Signale durch die Rotation des Pulsars zustandekommt, so kann die Umfangsgeschwindigkeit des Objektes die Lichtgeschwindigkeit nicht überschreiten. Der Radius muß daher nach $2\pi R/\tau < c$ kleiner als

$$R < \frac{\tau c}{2\pi} < \frac{3\cdot 10^{-2}\cdot 3\cdot 10^{8}}{2\pi}\ \text{m} \approx 700\ \text{km} \qquad (5.1)$$

sein. Objekte dieser Größe, die intensive elektromagnetische Strahlung aussenden (dadurch sind planetenartige Gebilde ausgeschlossen), müssen aber Neutronensterne sein.

Dafür spricht auch die große *Regelmäßigkeit der zeitlichen Aufeinanderfolge der Pulse.* Wie Tabelle 5 zeigt, konnte die Periode P einiger Pulse auf 10 Stellen genau bestimmt werden. Derart präzise Signale können aber nur von einem Himmelskörper mit sehr starrer Struktur ausgesendet werden.

Tabelle 5. Pulsarparameter. Die Perioden beziehen sich auf den Schwerpunkt des Sonnensystems.

	Periode P (s)	$\dot{P}$ (10^{-15} s/s)
CP 0834	1,2737631515	5,0 ± 0,8
CP 0950	0,2530650372	0,3 ± 0,1
CP 1133	1,1879109795	4,1 ± 0,5
CP 1919	1,337301109	1,1 ± 0,5
NP 0532	0,03309114	350

Bemerkenswert ist, daß sich die Periode der Pulsare im Laufe der Zeit langsam vergrößert, also $\dot{P} = \mathrm{d}P/\mathrm{d}t > 0$ ist. Die entsprechenden Daten sind ebenfalls in Tabelle 5 enthalten.

Wenn wir die Pulse auf die Rotation des Objektes zurückführen, bedeutet dies, daß sich diese Rotation allmählich verlangsamt, wobei eine charakteristische Zeit t durch

$$t = P/\dot{P} \qquad (5.2)$$

definiert werden kann. Während t für die ersten 4 in der Tabelle angeführten Pulsare bei etwa 10^{14} s $\approx 10^{7}$ Jahre liegt, ist $t \approx 10^{11}$ s ≈ 3000 Jahre beim Crab-Pulsar NP 0532. Dies deutet darauf hin, daß sich der *Crab-Pulsar innerhalb historischer Zeiträume wesentlich verändert hat.* Er wird tatsächlich mit der von den Chinesen beobachteten *Supernova* des Jahres 1054 in Zusammenhang gebracht. Eine Supernova entsteht nämlich dann, wenn ein normaler Stern von einigen Sonnenmassen seinen Kernbrennstoff verbraucht hat, wodurch Temperatur und Druck im Sterninnern zusammenbrechen. Der Stern fällt dann in sich zusammen, wobei er einen Teil seiner Masse in einer ungeheuren Explosion abstößt (Nebel rund um die Supernova) und ein Neutronenstern als Relikt übrigbleibt.

Dabei sind zwei Punkte besonders wesentlich: Während des Kollapses bleibt der Drehimpuls des Sterns, der von der Größenordnung

$$L \approx MR^2 \omega \tag{5.3}$$

ist, erhalten.

Dabei bedeutet M die Sternmasse, R den Sternradius und ω die Kreisfrequenz der Sterndrehung. Für die Sonne sind die relevanten Daten

$$M \approx 2 \cdot 10^{30}\,\text{kg},\ R \approx 7 \cdot 10^8\,\text{m},\ \omega \approx 3 \cdot 10^{-6}\,\text{s}^{-1}. \tag{5.4}$$

Die Erhaltung des Drehimpulses bedeutet, daß $R^2 \omega$ = const. sein muß, und daher bei der Entstehung eines Neutronensterns mit Radius $R_1 \approx 5 \cdot 10^4$ m die Drehfrequenz den Wert $\omega_1 \approx 10^4\,\text{s}^{-1}$ annimmt. Ein vorher langsam rotierender Stern beginnt sich beim Kollaps ungeheuer schnell zu drehen, was eine Erklärung für die bei den Pulsaren beobachteten kurzen Perioden liefert.

Die Rotationsenergie des Sterns

$$E_{\text{Rot}} \approx MR^2 \omega^2 \tag{5.5}$$

nimmt während des Kollapses stark zu. Setzt man nämlich die Daten für einen typischen Stern wie die Sonne in Gl. (5.5) ein, so folgt

$$E_{\text{Rot}} \approx 10^{37}\,\text{J} \qquad \text{Normalstern.} \tag{5.6}$$

Für den Neutronenstern, der beim Kollaps entsteht, ergibt sich dagegen bei Einsetzen von R_1 bzw. ω_1

$$E_{\text{Rot}} \approx 10^{45}\,\text{J} \qquad \text{Neutronenstern.} \tag{5.7}$$

Die Rotationsenergie ist damit etwa von der gleichen Größenordnung wie die gesamte Energie, die ein Normalstern (innerhalb von Milliarden Jahren) durch Kernfusion freimachen kann.

Man darf daher annehmen, daß die langsame Abbremsung der Drehung des Neutronensterns (Pulsars) im Zentrum des Crab-Nebels die Energie für die Strahlung des gesamten Nebels liefert. Da man die allmähliche Verlangsamung der Pulsarperiode und damit die Abbremsung des Sterns kennt, kann man auch den sekundlichen Verlust an Rotationsenergie des Crab-Pulsars berechnen. Er stimmt der Größenordnung nach mit der gesamten Energieemission des Crab-Nebels überein und erhärtet so die Entstehung dieses Nebels durch Supernovaexplosion und Neutronensternbildung.

Aufgaben

20. Rotation

Zur Abschätzung der Grenzfrequenz, mit der ein starrer Körper rotieren kann, haben wir in Gl. (5.1) die Bedingung herangezogen, daß die Oberflächengeschwindigkeit die Lichtgeschwindigkeit nicht überschreiten darf. Tatsächlich folgt aber eine weit stärkere Einschränkung daraus, daß die Oberflächengeschwindigkeit sogar die Bedingung

$$v^2 \leqslant \frac{MG}{R} \tag{5.8}$$

erfüllen muß, damit sich nicht Teile von der Sternoberfläche ablösen.

Zeigen Sie, daß diese Bedingung als

$$\frac{v^2}{c^2} \leqslant \frac{\mathcal{R}}{R} \tag{5.9}$$

oder

$$\tau_{\text{Rot}} \approx \frac{R}{v} > (G\rho)^{-\frac{1}{2}} \tag{5.10}$$

geschrieben werden kann. Welche untere Grenze ergibt sich daraus für die Rotationsdauer weißer Zwerge? Auf welche Körper von Bild 38 ist die Bedingung (5.10) anwendbar? Warum nicht auf alle?

21. Schallgeschwindigkeit und Pulsationen

Die Helligkeitsschwankungen vieler veränderlicher Sterne sind nicht durch Rotation, sondern durch Pulsationen der Sterne verursacht. Um die Pulsationsdauer eines Sterns abzuschätzen und zu sehen, ob Pulsare nicht auch durch rasche Expansion und Kontraktionen Weißer Zwerge erklärt werden können, berechnen wir zunächst die Schallgeschwindigkeit in der Sternmaterie. Zeigen Sie, daß die Schallgeschwindigkeit

$$v_S^2 = \frac{\partial p}{\partial \rho} \tag{5.11}$$

durch

$$\frac{v_S^2}{c^2} \approx \frac{\mathcal{R}}{R} \tag{5.12}$$

abgeschätzt werden kann und von der gleichen Größenordnung ist wie die höchstmögliche Rotationsgeschwindigkeit eines Körpers. Da Pulsationen eine Schwingung eines Sterns bedeuten und sich im Sterninnern mit Schallgeschwindigkeit ausbreiten, folgt, daß Pulsationsdauern etwa durch

$$\tau \approx \frac{R}{v_S} \approx (G\rho)^{-\frac{1}{2}} \tag{5.13}$$

gegeben sind. Sie sind somit von der gleichen Größenordnung wie τ_{Rot}. Bei den Pulsaren kann es sich folglich nicht um pulsierende Weiße Zwerge handeln. Allerdings könnten Pulsare (wie auch der Name nahelegen würde) pulsierende und nicht rotierende Neutronensterne sein. Es hat sich aber bisher als unmöglich erwiesen, die intensive elektromagnetische Strahlung der Pulsare auf diese Art theoretisch befriedigend zu erklären.

22. Veränderliche Sterne

Die Beziehung $\tau \propto \rho^{-\frac{1}{2}}$ zwischen Pulsationsperiode und mittlerer Dichte wird für viele veränderliche Sterne tatsächlich beobachtet. Dabei hat die Konstante b in

$$\tau = b\sqrt{\frac{\rho_\odot}{\rho}} \tag{5.14}$$

($\rho_\odot$ = 1400 kg/m³ ist die mittlere Dichte der Sonne) für die wichtigsten Klassen veränderlicher Sterne die folgenden experimentell ermittelten Werte:

Cδ – Cepheiden	0,041 Tage
CW – Cepheiden	0,160 Tage
RR – Lyrae-Sterne	0,145 Tage
β – Can-Maj-Sterne	0,027 Tage

Vergleichen Sie diese Werte mit der theoretischen Relation (5.13)!

5.2. Magnetfeld und Strahlungsmechanismus

Rotationsenergie und Winkelgeschwindigkeit eines Sterns sind nicht die einzigen Größen, die sich beim Kollaps in charakteristischer Weise ändern. Auch das Magnetfeld nimmt infolge der Erhaltung des magnetischen Flusses

$$BR^2 = \text{const.} \qquad (5.15)$$

bei der Entstehung eines Neutronensterns auf das etwa 10^8 fache des ursprünglichen Wertes zu. Man erwartet bei Pulsaren Magnetfelder (magnetische Induktion) bis zu einer Stärke von

$$B \approx 10^8 \text{ Tesla.} \qquad (5.16)$$

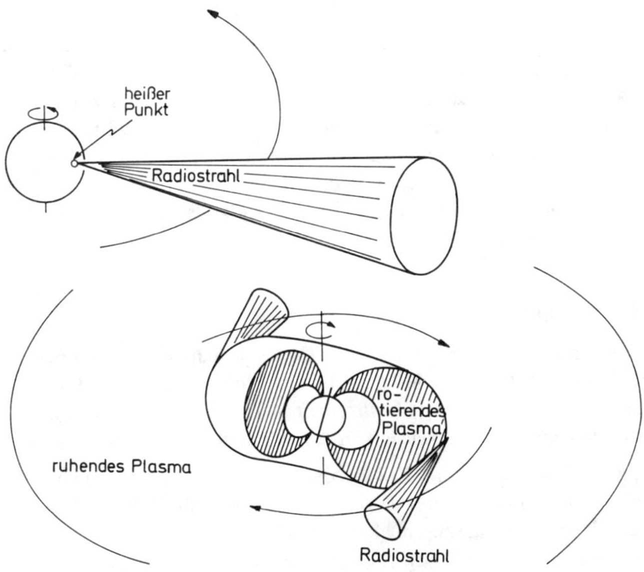

Bild 41. Zwei Modelle des Strahlungsmechanismus von Pulsaren

Die Vorgänge, die sich in einem Magnetfeld dieser Intensität abspielen, sind derzeit noch weitgehend ungeklärt. Daher können auch über den Mechanismus der Strahlungsaussendung der Pulsare nur sehr allgemeine Aussagen gemacht werden. Die meisten Pulsarmodelle postulieren, daß die Achse des magnetischen Dipolfeldes annähernd senkrecht auf der Rotationsachse des Pulsars steht. Das mit dem Stern rotierende Dipolfeld ist dann Quelle einer intensiven elektromagnetischen Welle, die mit der Rotationsfrequenz des Sterns emittiert wird. Die Emission der Strahlung führt zur Bremsung des Pulsars. Wahrscheinlich überträgt diese elektromagnetische Welle auch die Energie auf den umgebenden Nebel und bringt ihn zum Leuchten.

Den Pulsarmechanismus selbst, also die Aussendung des regelmäßigen Signals durch den Stern, kann man sich vermutlich so vorstellen, daß die beiden Magnetpole des Pulsars wie die Lampen eines Leuchtturms wirken. Bei ihrer Drehung emittieren sie ein Lichtbündel, das von ein oder zwei Polen ausgehend die Erde trifft und somit beobachtet werden kann. Darüber, wie nahe oder wie weit vom Pulsar entfernt diese Strahlung wirklich entsteht, ist derzeit eine intensive Diskussion im Gange, die noch nicht abgeschlossen ist (Bild 41).

6. Gravitationskollaps und Schwarze Löcher

In Abschnitt 4 haben wir uns mit den Gleichgewichtskonfigurationen von Materie beschäftigt und dabei außer den normalen Sternen der Hauptreihe zwei Familien entarteter Sterne kennengelernt. Für ihre Masse hat sich die Chandrasekhar-Grenze als obere Schranke ergeben. Was geschieht aber, wenn ein schwererer Stern am Ende seiner thermonuklearen Entwicklung anlangt? Keine neue Gleichgewichtskonfiguration endlicher Dichte ist möglich, und der Stern kollabiert zu einer „Singularität", die von einem „Schwarzen Loch" umgeben ist. Dieser Vorgang soll hier im Detail analysiert werden.

6.1. Gravitationskollaps

Während bei Sternen der Druck im Inneren den Gleichgewichtszustand normalerweise aufrechterhält, ist es z. B. bei der Milchstraße nicht unmittelbar ersichtlich, warum sie nicht in sich zusammenfällt. Die einzelnen Sterne sind so weit voneinander entfernt, daß sie keinen nennenswerten Druck aufeinander ausüben.

Allerdings könnte ein hypothetischer Kollaps der Milchstraße zu langsam vor sich gehen, um während der Lebensdauer des Universums zu beobachtbaren Effekten zu führen. Um diese Möglichkeit auszuschließen, berechnen wir die Dauer des freien Kollapses eines Körpers konstanter Dichte ρ. Für $t < 0$ sei der Körper (Stern, Milchstraße usw.) durch den inneren Druck stabilisiert. Zur Zeit $t = 0$ soll dieser

Druck schlagartig auf Null absinken (es ist dies ein einfaches Modell des Versiegens der Kernenergievorräte eines Sterns), worauf das Objekt im freien Fall in sich zusammenbricht.

Die Bewegungsgleichung eines beliebig herausgegriffenen Atoms an der Oberfläche der kollabierenden Masse lautet

$$m\,\frac{\mathrm{d}^2 R}{\mathrm{d}t^2} = -\,\frac{MG}{R^2}\,m. \tag{6.1}$$

Dabei ist $M = \frac{4\pi}{3}\,\rho R^3 = \mathrm{const.}$ die als kugelförmig angenommene Gesamtmasse, während m die Masse des betrachteten Atoms ist. Nach Kürzung durch m und Multiplikation mit $\mathrm{d}R/\mathrm{d}t$ folgt aus Gl. (6.1) der Energiesatz

$$\frac{\mathrm{d}}{\mathrm{d}t}\left[\frac{1}{2}\left(\frac{\mathrm{d}R}{\mathrm{d}t}\right)^2 - \frac{MG}{R}\right] = 0 \tag{6.2}$$

oder

$$\frac{1}{2}\left(\frac{\mathrm{d}R}{\mathrm{d}t}\right)^2 - \frac{MG}{R} = \mathrm{const.} = -\,\frac{MG}{R_0}. \tag{6.3}$$

Die durch Gl. (6.3) definierte Konstante R_0 ist der Radius des Objektes vor dem Kollaps, da für $R = R_0$ aus der obigen Gleichung $\mathrm{d}R/\mathrm{d}t = 0$ folgt.

Die Differentialgleichung (6.3) kann einfach integriert werden

$$t - t_0 = \int \mathrm{d}t = \int \frac{\mathrm{d}R}{\sqrt{2GM(1/R - 1/R_0)}}. \tag{6.4}$$

Dieses Integral findet sich in jeder Integraltafel:

$$t(R) = \sqrt{\frac{RR_0(R_0 - R)}{2MG}} + R_0\sqrt{\frac{R_0}{8MG}}\,\arccos\left(\frac{2R}{R_0} - 1\right). \tag{6.5}$$

Damit haben wir den Radius R des kollabierenden Objektes als Funktion der Zeit t zumindest in impliziter Form bestimmt. Die Integrationskonstante t_0 wurde in Gl. (6.5) so gewählt, daß der Kollaps zur Zeit $t = 0$ einsetzt, also $t(R_0) = 0$ ist.

Wenn wir in Gl. (6.5) $R = 0$ setzen, so erhalten wir die Zeit t_K, die ein Objekt braucht, um unter der Wirkung seiner eigenen Schwerkraft im freien Fall vollständig (d. h. bis auf einen Punkt) zu kollabieren:

$$\boxed{t_K = \pi\left(\frac{R_0^3}{8MG}\right)^{\frac{1}{2}} \approx (G\rho)^{-\frac{1}{2}}} \tag{6.6}$$

Bemerkenswerterweise hängt die Kollapszeit nur von der mittleren Dichte ρ, aber nicht vom Radius des betrachteten Objekts ab.

$$T = (G\rho)^{-\frac{1}{2}} \tag{6.7}$$

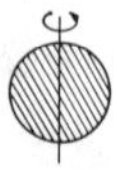
Kürzeste Rotationsdauer t_R eines stabilen Objekts (für $t_R < T$ löst sich Material von der Oberfläche). Aufgabe 20

Pulsationsfrequenz eines stabilen Sterns (Grundschwingung). Aufgabe 21

Umlaufdauer eines Satelliten, der an der Sternoberfläche entlangstreift.

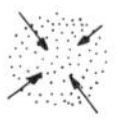
Kollapszeit t_K eines nichtrotierenden Objekts, das nicht durch inneren Druck stabilisiert wird.

Rotationsfrequenz eines nicht durch Druck stabilisierten Objekts, die zur Verhinderung des Gravitationskollapses erforderlich ist. Aufgabe 23

durch Druck stabilisierte Materie (z. B. Festkörper)

Materie ohne inneren Druck

Gl. (6.6) zeigt eine weitere Bedeutung der bereits in Abschnitt 5 mehrfach erwähnten Zeit $T \approx (G\rho)^{-1/2}$ auf. Das Diagramm im Anschluß an Gl. (6.7) gibt eine Übersicht über die verschiedenen physikalischen Situationen, für die die Zeitskala $T \approx (G\rho)^{-1/2}$ relevant ist (siehe dazu auch die Übungsaufgaben zu diesem Abschnitt).

Die letzte der genannten Bedeutungen von T ist es, die uns die Stabilität der Milchstraße verstehen läßt. $1/T \approx (G\rho)^{1/2}$ gibt (siehe Aufgabe 23) die Frequenz an, mit der ein nicht durch inneren Druck stabilisiertes Objekt rotieren muß, um keinen Gravitationskollaps zu erleiden.

Für die Milchstraße ist $M \approx 10^{11} M_\odot \approx 10^{44}$ g, $R = 3 \cdot 10^{20}$ m, folglich $\rho \approx 10^{-20}$ kg/m^3, so daß

$$t_K \approx T \approx (G\rho)^{-\frac{1}{2}} \approx 10^{15}\,\text{s} \approx 100 \text{ Millionen Jahre.} \tag{6.8}$$

Ohne Rotation würde die Milchstraße in etwa 10^8 Jahren in sich zusammenfallen. Die Drehung der Milchstraße (erstmals von *I. Kant* in seiner *Allgemeinen Naturgeschichte und Theorie des Himmels* postuliert) stellt sich als Notwendigkeit heraus.

Ihre Dauer, die astronomisch zu $t_R \approx 200$ Millionen Jahren bestimmt wurde, kann aus Gl. (6.7) einfach abgeschätzt werden und wird in Aufgabe 24 weiter analysiert.

Nach diesen Vorbemerkungen wenden wir uns dem Kollaps von Sternen zu. Was geschieht, wenn ein normaler Stern am Ende seiner thermonuklearen Entwicklung angekommen ist, seinen Kernbrennstoff also völlig verbraucht hat?

Die Temperatur und auch der Druck im Sterninneren können dann nicht länger aufrechterhalten werden. Eine komplizierte Altersphase des Sterns beginnt, die wir in einem stark vereinfachten Modell folgendermaßen verstehen können.

Nehmen wir an, daß das Versiegen der Energiequellen des Sterns schlagartig vor sich gehe und auch Druck und Temperatur im Sterninneren plötzlich auf Null absinken. Der zuvor stabile Stern kollabiert dann im freien Fall, wobei wir aus Gl. (6.7) die Dauer des Kollapses für $\rho \approx 10^3$ kg/m^3 (Dichte der Sonne) abschätzen können:

$$t_K \approx (G\rho)^{-\frac{1}{2}} \approx 3 \cdot 10^3 \text{ s} \approx 1 \text{ Stunde.} \tag{6.9}$$

Wie weit geht der Kollaps des Sterns? Gibt es eine neue Gleichgewichtskonfiguration, oder fällt der Stern tatsächlich völlig in sich zusammen?

Stabile entartete Sterne, also solche, die durch quantenmechanische Effekte und nicht durch thermischen Druck aufrechterhalten werden, gibt es bis zu $M_C \approx 1{,}5\, M_\odot$. Allerdings haben die Überlegungen von Abschnitt 4 gezeigt, daß diese Obergrenze theoretisch nicht ganz genau bekannt ist und für Neutronensterne eventuell bei $3 M_\odot$ liegen könnte.

Kollabiert ein Stern mit $M < M_C$ nach Erlöschen seiner Vorräte an Kernenergie, so kann er eine neue Gleichgewichtskonfiguration erreichen: Als Weißer Zwerg beendet der Stern, allmählich abkühlend, seinen Entwicklungsweg.

Für Sterne mit $M > M_C$ kann der Kollaps nicht so einfach zu einer neuen stabilen Konfiguration führen. Man nimmt an (exakte Rechnungen sind schwer durchführbar), daß für $M \leqslant 10 M_\odot$ während des Kollapses durch Schockwellen, die durch den Stern hindurchgehen, genügend Masse abgestoßen werden kann, um die Entstehung eines *Neutronensterns* zu ermöglichen. Es ist dies wahrscheinlich der Vorgang, der sich bei *Supernovaexplosionen* ereignet. Die ausgestoßenen Gasmassen umgeben den Stern als Nebel. Das beststudierte Beispiel dazu ist der in Abschnitt 5 beschriebene *Crab-Nebel*.

Aufgaben

23. Rotation

Schätzen Sie ab, wie schnell ein nicht durch inneren Druck stabilisiertes Objekt rotieren muß, um gegen die Wirkung der eigenen Schwerkraft stabilisiert zu werden. Welche Form muß das Objekt haben? Wie hängt die Rotationsdauer t_R und die Rotationsgeschwindigkeit v von der Entfernung vom Mittelpunkt ab?

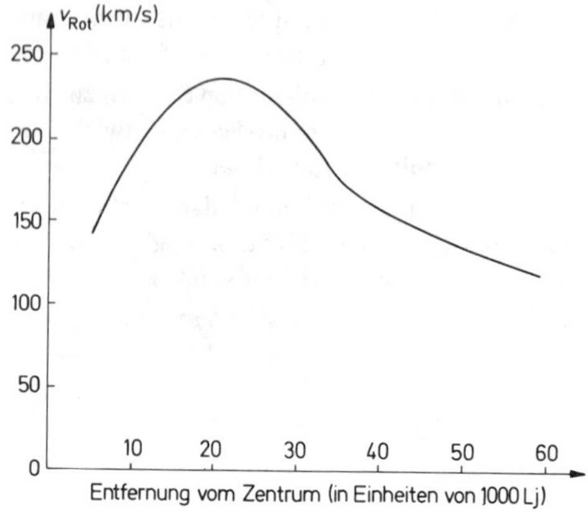

Bild 42
Die Rotationsgeschwindigkeit der Milchstraße als Funktion der Entfernung vom galaktischen Zentrum

24. Rotation der Milchstraße

Bild 42 zeigt die Rotationsgeschwindigkeit der Milchstraße als Funktion des Abstandes vom galaktischen Zentrum. Wie ist diese Kurve zu erklären? Kann man daraus die Masse der Milchstraße bestimmen? Wie wird die angegebene Kurve experimentell bestimmt?

6.2. Schwarze Löcher

Für Sterne mit $M \lesssim 10 M_\odot$ führt der Kollaps nach Ausbrennen der Kernenergievorräte (wahrscheinlich) auf einen neuen stabilen Endzustand, einen weißen Zwerg bzw. Neutronenstern. Dagegen ist für $M \gtrsim 10 M_\odot$ weder der Druck der Elektronen noch der Druck der Neutronen in der Lage, den Kollaps des Sterns zu stoppen. Die Newtonsche Gravitationstheorie sagt in dieser Situation voraus, daß der Stern bis zu einem Punkt unendlicher Dichte – einer *Singularität* – in sich zusammenfällt.

Die allgemeine Relativitätstheorie bestätigt überraschenderweise dieses Resultat, präzisiert und ergänzt es aber in wesentlicher Weise. Die theoretischen Vorhersagen lassen sich am besten aus Bild 43 ablesen. Es lohnt sich, dieses Bild eingehend zu studieren, da es fast alles in einprägsamer Form zusammenfaßt, was über Entstehung und Eigenschaften *Schwarzer Löcher* von Bedeutung ist.

Das Bild stellt den Gravitationskollaps in einem Raum-Zeit-Diagramm dar, das den Zusammenbruch eines Sterns und die Entstehung eines Schwarzen Lochs von unten nach oben fortschreitend zeigt. Es ist dabei der Kollaps eines Querschnitts durch den Sternmittelpunkt gezeigt, also das Verhalten einer aus dem Stern herausgeschnittenen (infinitesimal dünnen) Kreisscheibe.

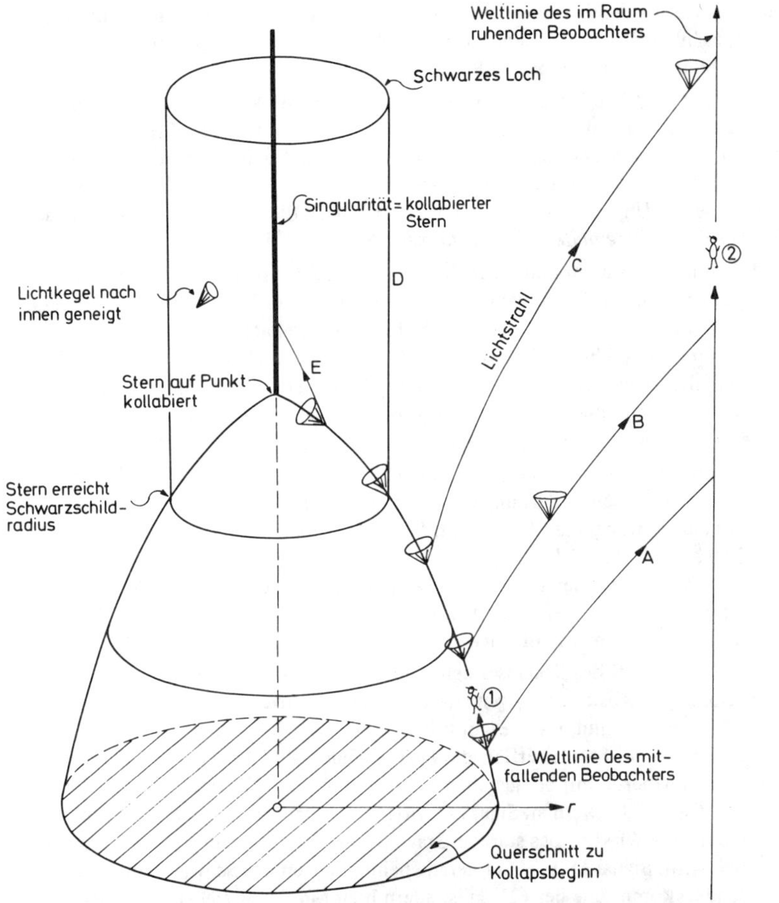

Bild 43. Raum-Zeit-Diagramm des kollabierenden Sterns = Entstehung eines Schwarzen Lochs

Die Linie im Zentrum des Bildes ist die Weltlinie des Sternmittelpunktes. Sie ist von Kreisen umgeben, die den Rand der aus dem Stern herausgeschnittenen Kreisscheibe andeuten. Während des Kollapses (nach oben fortschreitend) wird der Kreis kleiner und erreicht schließlich zur Zeit

$$t_K \approx (G\rho)^{-\frac{1}{2}} \tag{6.10}$$

auch gemäß den Vorhersagen der allgemeinen Relativitätstheorie einen Punkt, das heißt, es bildet sich eine *Singularität* unendlicher Dichte aus, die beliebig lange bestehen bleibt (zentrale Linie im Bild).

Allerdings haben wir früher gesehen, daß Zeitintervalle davon abhängen, wieweit eine Uhr von schweren Massen entfernt ist. Für welche Uhren hat der Kollaps die oben angegebene Dauer? Die allgemeine Relativitätstheorie zeigt, daß sich t_K *auf den auf der Sternoberfläche mitfallenden Beobachter* ① *bezieht,* der auf seiner Uhr die *Eigenzeit* (Gl. (6.10)) abliest, die vom *Beginn des Kollapses bis zu seinem Ende in der Singularität vergeht.*

Für einen im Außenraum verbleibenden Beobachter stellt sich die Situation völlig anders dar. In Bild 43 ist rechts die Weltlinie eines Beobachters ② eingetragen, der in sicherer und konstanter Entfernung das katastrophale Ende des Sterns mitansieht. Um die Eindrücke von ② wiederzugeben, müssen wir zunächst das Verhalten von Lichtstrahlen in der Umgebung der kollabierenden Masse untersuchen. Dazu trägt man zweckmäßigerweise in einigen Punkten den *Lichtkegel* ein, der die Ausbreitung von Lichtstrahlen angibt, die von diesem Punkt ausgehen.

In großer Entfernung vom Stern ist der Lichtkegel einfach durch $|\boldsymbol{x}| = ct$ gegeben, also mit seiner Öffnung nach oben gerichtet, da dort das Gravitationsfeld die Lichtausbreitung nicht beeinflußt. *In der Umgebung des Sterns ist der Lichtkegel geneigt,* da das Licht unter dem Einfluß der Schwerkraft dazu tendiert, nach innen zu fallen. Im Inneren des Schwarzschildradius ist der Lichtkegel völlig nach innen geneigt: Dies ist der Ausdruck für die bereits erwähnte Tatsache, daß Licht aus diesem Bereich nicht entweichen kann.

Um den Verlauf des Kollapses dem Beobachter ② mitzuteilen, entsendet ① in regelmäßigen Abständen – gemessen in seiner Eigenzeit – Lichtsignale an ② . Diese Lichtsignale sind in der Figur mit A, B, C, D, E bezeichnet und werden von ① radial von der Sternoberfläche weg abgesendet. Bild 43 zeigt, daß die Signale A und B annähernd mit der gleichen Zeitdifferenz bei ② eintreffen, mit der sie von ① abgesendet werden. Signal C trifft wesentlich später ein als erwartet, da hier bereits die Wirkung des starken Gravitationsfeldes (Neigung des Lichtkegels) deutlich wird. Signal D, von ① gerade beim Kreuzen des Schwarzschildradius abgesendet, kommt nie bei ② an, sondern bleibt in $r = \mathcal{R}$ stecken (senkrechte Linie!). Signal E schließlich hat keine Chance mehr, aus $r < \mathcal{R}$ zu entweichen, und fällt selbst nach kurzer Zeit in die Singularität $r = 0$. Vom Außenraum gesehen, verlangsamt sich also der Kollaps immer mehr, bis er beim Erreichen des Schwarzschildradius völlig zum Stillstand kommt: Das Signal, das von dort aus entsendet wird, erreicht den in endlicher Entfernung befindlichen Beobachter erst nach unendlicher Zeit (genauer: Ein Signal, das von ① beim Radius $r = \mathcal{R}(1 + \epsilon)$, $\epsilon \ll 1$, abgesendet wird, erreicht ② zur Zeit $\tau \approx -(\mathcal{R}/c) \ln \epsilon$).

Von ② gesehen, erreicht daher der kollabierende Stern nie den Schwarzschildradius, er wird nie zu einem völlig „Schwarzen Loch“, aus dem keine Signale mehr an die Umwelt übermittelt werden können. Allerdings nimmt die Helligkeit des Sterns rapide ab, da das Licht immer stärker rotverschoben wird, je näher die Emission am Schwarzschildradius stattfindet. Außerdem treffen die von ① in gleichen Zeitabständen emittierten Photonen in immer größeren Intervallen bei ② ein, was eine weitere Verminderung der Helligkeit des kollabierenden Sterns bewirkt. Detaillierte Rechnungen zeigen, daß die Leuchtkraft L des Sterns in der Endphase des Kollapses durch

$$L = \text{const.}\, e^{-\frac{t}{\tau}} \tag{6.11}$$

gegeben ist, wobei die charakteristische Zeit $\tau = \mathcal{R}/c$ beträgt. Für einen Stern mit $M \approx 10 M_\odot$ ist $\mathcal{R} \approx 30$ km und $\tau \approx 10^{-4}$ s. Wenngleich der kollabierende Stern vom Außenraum gesehen nie völlig in sich zusammenfällt, sondern unendlich lange am Schwarzschildradius zu verharren scheint, so nimmt doch die Leuchtkraft in Sekundenbruchteilen praktisch auf Null ab und rechtfertigt somit die Bezeichnung „Schwarzes Loch", die in der westlichen Physikliteratur gebräuchlich ist. Die russische Literatur bevorzugt dagegen den Namen „gefrorener Stern", der das Verharren des Sterns am Schwarzschildradius zum Ausdruck bringt.

Alle Vorgänge, die sich innerhalb des Schwarzschildradius ereignen, bleiben für den Beobachter im Außenraum prinzipiell unzugänglich, da er aus diesem Bereich kein Signal empfangen kann. Daher kann ② auch niemals die Singularität, also den zu einem Punkt kollabierten Stern sehen. Diese Singularität wird durch das Schwarze Loch völlig vom Außenraum abgeschirmt.

Aufgaben

25. Ist die Singularität vermeidbar?

Bei den obigen Überlegungen haben wir vorausgesetzt, daß der Stern im freien Fall kollabiert. Wenn die Dichte des Sterns ansteigt, treten Kräfte (z. B. Elektronendruck, Neutronendruck usw.) auf, die den Verlauf des Kollapses modifizieren werden. Zeigen Sie, daß die Entstehung einer Singularität (das heißt der Kollaps bis zu einem Punkt) auch durch beliebig starke Kräfte nicht vermieden werden kann, wenn der Stern einmal innerhalb seines Schwarzschildradius angelangt ist. Anleitung: Beachten Sie, daß Kräfte die Weltlinie eines Teilchens nur innerhalb des Lichtkegels ($v < c$!) verändern können.

26. Dichte beim Schwarzschildradius

Fertigen Sie eine Tabelle an, die zeigt, bei welcher Dichte eine gegebene Masse ihren Schwarzschildradius erreicht. Wie groß ist diese Dichte für eine Galaxis? Welche Folgerungen kann man aus der Tabelle ziehen?

6.3. Das Gravitationsfeld Schwarzer Löcher

Nach dem exponentiellen Abklingen der elektromagnetischen Strahlung des kollabierenden Sterns verbleibt das Gravitationsfeld als einzige Wirkung des Schwarzen Lochs auf seine Umgebung. Allerdings wird das Gravitationsfeld in der

Umgebung des Schwarzschildradius durch die Newtonsche Theorie nicht exakt beschrieben. Es zeigt sich aber, daß eine einfache Modifikation der Theorie ausreicht, um die von der allgemeinen Relativitätstheorie vorhergesagten Phänomene korrekt wiederzugeben.

Rekapitulieren wir zunächst die übliche Darstellung der Bewegung eines Körpers (Masse m) im Schwerefeld eines Sterns. Diese Bewegung wird in Polarkoordinaten r, ϕ durch den Flächensatz

$$r^2 \dot{\phi} = l = \text{const.} \tag{6.12}$$

und den Energiesatz

$$\frac{\dot{r}^2}{2} + V_N(r) = \frac{E}{m} \tag{6.13}$$

beschrieben, wobei Punkte Zeitableitungen bedeuten. Dabei ist l der (auf die Masseneinheit bezogene) Drehimpuls des Körpers, E seine Energie und m seine Masse. Das effektive Potential

$$V_N(r) = -\frac{GM}{r} + \frac{l^2}{2r^2} \tag{6.14}$$

besteht aus Gravitationspotential und Zentrifugalterm.

Die allgemeine Relativitätstheorie modifiziert diese Aussagen insofern, als die Zeitableitungen (Punkte) durch Ableitungen nach der Eigenzeit s (das heißt nach der Zeit, die durch eine vom Körper mitgeführte Uhr angezeigt wird) zu ersetzen sind und ein abgeändertes effektives Potential

$$V_E(r) = -\frac{GM}{r} + \frac{l^2}{2r^2} - \frac{\Re l^2}{2r^3} \tag{6.15}$$

der Rechnung zugrunde zu legen ist. Die Gleichungen (6.12), (6.13) und (6.15) ermöglichen unter anderem die exakte Berechnung der in Abschnitt 1 diskutierten Perihelverschiebung.

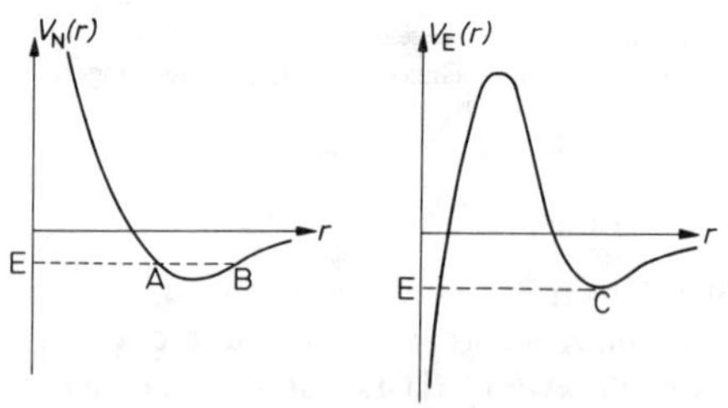

Bild 44
Effektives Potential in Newtonscher und Einsteinscher Gravitationstheorie

Bild 44 zeigt die Gegenüberstellung der effektiven Potentiale V_N und V_E der Newtonschen und Einsteinschen Gravitationstheorie. Dabei ist $l \neq 0$ vorausgesetzt, da für $l = 0$ $V_N = V_E$ gilt. Für den radialen Fall in das Zentrum (für den der Drehimpuls $l = 0$ ist) gelten die Newtonschen Formeln exakt, nur ist die absolute Zeit durch die Eigenzeit s des fallenden Körpers zu ersetzen. (Dieses Resultat haben wir im vorigen Abschnitt bei der Diskussion des Kollapses bereits vorweggenommen.) In Bild 44 ist links strichliert auch die Energie eingetragen, die eine Ellipsenbahn charakterisiert, die zwischen den beiden Radien A und B hin und her pendelt, während rechts die zu einer Kreisbahn führende Energie aufgetragen ist, die nur mit einem Wert von r (Punkt C) verträglich ist[1]).

Bei gegebenem Drehimpuls l (das heißt gegebenem Potential V_E) hat die Kreisbahn die tiefste Energie. Wie tief kann diese Energie sein? Diese Frage ist von Bedeutung, da ein um das Schwarze Loch kreisender Körper eben diese Bindungsenergie in Form von Strahlung nach außen abgeben kann. (Konkret hat man sich vorzustellen, daß ein zunächst in großer Entfernung um das Schwarze Loch kreisender Körper Strahlung emittiert und durch den Energieverlust langsam nach innen spiralt.)

Die Rechnung (siehe Aufgabe 27) zeigt, daß die höchstmögliche Bindungsenergie eines Teilchens der Masse m auf einer Kreisbahn gemäß der Einsteinschen Theorie $E = -0{,}055\, mc^2$ beträgt. Nur 5,5 % der Ruheenergie können während des Hineinspiralens zum Zentrum (Schwarzes Loch) abgestrahlt werden, dann wird – bei $r = 3\mathcal{R}$ – die Kreisbewegung unstabil, und das Teilchen stürzt in das Zentrum (Bild 45).

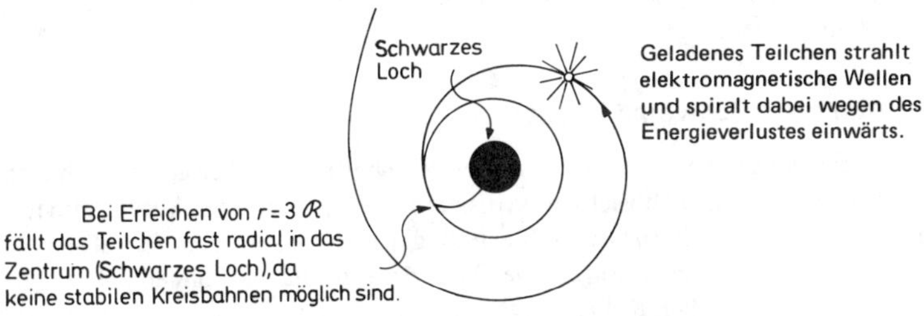

Bild 45. Bewegung eines Teilchens in der Umgebung eines Schwarzen Lochs

1) Selbstverständlich gibt es auch für V_N Kreisbahnen und für V_E Ellipsenbahnen. Der Vollständigkeit halber sei erwähnt, daß das Maximum von $V_E(r)$ einer instabilen Kreisbahn entspricht, die bei kleinsten Störungen zu einer einwärts oder auswärts spiralenden Bewegung führt.

Dieses Resultat steht völlig im Gegensatz zu den Vorhersagen der Newtonschen Theorie. Dort kann durch Wahl kleiner l eine Kreisbahn mit beliebig kleinem r erreicht werden und damit auch ein beliebig Vielfaches der Ruheenergie mc^2 während des Spiralens in das Zentrum abgestrahlt werden!

Dem Fall eines Teilchens im Gravitationsfeld eines Massenpunktes käme klassisch die Bedeutung eines Perpetuum Mobile zu, da damit eine unerschöpfliche Energiequelle erschlossen wäre. Wie diese Situation in der allgemeinen Relativitätstheorie vermieden wird, ist Gegenstand der folgenden Übungsaufgaben.

Aufgaben

27. Kreisbahnen um schwarze Löcher

Für eine Kreisbahn ist $E = V_E(r)$, da $\dot{r} = 0$, und ferner $dV_E/dr = 0$ (Potentialminimum). Zeigen Sie, daß die letzte Bedingung auf $l^2 = c^2\,\mathcal{R}r^2\,(2r - 3\mathcal{R})^{-1}$ führt, der Drehimpuls also nur für $r > 3/2\,\mathcal{R}$ endlich ist. Für E ergibt sich nach Einsetzen von l^2

$$E(r) = -mc^2 \cdot \frac{\mathcal{R}}{r} \cdot \frac{r - 2\mathcal{R}}{2r - 3\mathcal{R}}.$$

Für stabile Kreisbahnen muß außerdem $d^2V_E/dr^2 > 0$ sein. Zeigen Sie, daß dies nur für $r > 3\mathcal{R}$ erfüllt ist und $E(3\mathcal{R}) = -mc^2/18$ die größtmögliche Bindungsenergie eines Teilchens auf einer stabilen Kreisbahn ist.

28. Radialer Fall

Klassisch läßt sich beliebig viel Energie gewinnen, indem man ein Teilchen an einer Schnur langsam im Gravitationsfeld eines Massenpunktes hinabläßt, da dann die potentielle Energie

$$E_R(r) = -m\,\frac{MG}{r} = -\frac{mc^2}{2} \cdot \frac{\mathcal{R}}{r}$$

frei wird, die für $r \to 0$ divergiert. Warum geht dies relativistisch nicht, und welche Grenze existiert für $E_R(r)$?

6.4. Rotierende Schwarze Löcher

Die Überlegungen, die wir bisher zur Theorie Schwarzer Löcher angestellt haben, sind in einer wesentlichen Hinsicht zu kritisieren: Der Kollaps eines kugelsymmetrischen, nichtrotierenden Sterns ist ein Idealfall, der in der Natur niemals realisiert sein wird. Wieweit sind die Aussagen, die wir in dem Idealfall gewonnen haben typisch für den realistischen Kollapsvorgang?

Überraschenderweise hat sich in den letzten Jahren gezeigt, daß sich der realistische Kollaps von seiner Idealisierung nur geringfügig unterscheidet. Der Grund dafür liegt – bildlich gesprochen – in der Stärke des Gravitationsfeldes, die die meisten Strukturen zum Einsturz bringt. So hat ein Neutronenstern beispielsweise ein sehr intensives Magnetfeld. Ein Schwarzes Loch kann dagegen prinzipiell kein Magnetfeld mehr aufweisen, da dieses Feld unter der Wirkung der Schwerkraft in das Schwarze Loch stürzt und damit in Sekundenbruchteilen auf Null absinkt.

Ähnlich kann man auch zeigen, daß Abweichungen des Sterns von der Kugelform (bzw. für rotierende Sterne von der Geoidform) dem Gravitationsfeld keinen Widerstand leisten können und in sich zusammenfallen.

Diese Beispiele mögen genügen, um anzudeuten, daß ein Schwarzes Loch ein sehr einfach strukturiertes Gebilde ist, das nur wenige Eigenschaften aufweisen kann. Ein (allerdings noch nicht in aller Strenge bewiesenes) Theorem besagt:

> Das allgemeinste Schwarze Loch ist durch die Parameter
>
> Masse, Drehimpuls, elektrische Ladung
>
> eindeutig charakterisiert. Alle anderen Eigenschaften gehen während des Kollapses verloren.

Masse und Ladung äußern sich darin, daß das Schwarze Loch nach außen durch sein Gravitationsfeld bzw. sein elektromagnetisches Feld wirkt. Wie aber läßt sich der Drehimpuls eines Schwarzen Lochs im Außenraum ablesen? Welche Änderung der Eigenschaften, wie z.B. der Bahnen der Teilchen, bewirkt er? Aufgrund der Erfahrungen, die wir bei der Entstehung von Pulsaren gemacht haben, ist anzunehmen, daß gerade der Drehimpuls eine wichtige Rolle beim Kollaps spielt.

Die Antwort auf diese Fragen wird durch die (sehr idealisierte!) Konstruktion Bild 46 gegeben.

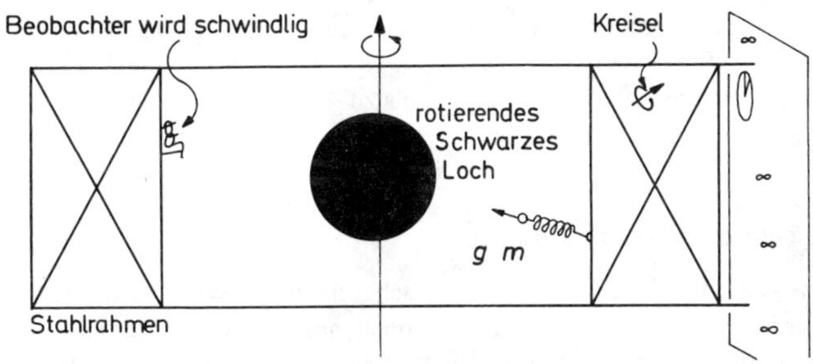

Bild 46. Effekte in der Umgebung eines Schwarzen Lochs

Nehmen wir an, ein rotierendes Schwarzes Loch sei irgendwo im Raum gefunden. Um seine Eigenschaften zu bestimmen, baut man ein Stahlgerüst darum herum, das „im Unendlichen" verankert wird, so daß es weit weg vom Schwarzen Loch ein Inertialsystem angibt.

Durch Vermessung der Länge der Streben des Gerüsts kann man nur die räumliche Geometrie in der Umgebung des Schwarzen Lochs bestimmen und so die Ergebnisse von Abschnitt 2 überprüfen. Eine Reihe von Uhren erlaubt es außerdem, den Einfluß der Masse auf den Uhrengang festzustellen. Kleine Massen m, an Spiralfedern angebracht, messen das lokale Gravitationsfeld, ebenso wie die Testladungen e es erlauben, eine etwaige elektrische Ladung des kollabierenden Sterns zu ermitteln.

Schließlich sind auch eine Reihe kleiner Kreisel in dem starren Stahlgerüst angebracht. Kreisel haben üblicherweise die Eigenschaft, eine fixe Richtung im Raum beizubehalten. Auf dieser Eigenschaft beruht bekanntlich der Kreiselkompaß. In der Umgebung des rotierenden Schwarzen Lochs aber dreht sich die Kreiselachse gegenüber dem starr im Raum verankerten Stahlgerüst. Dabei folgt nach Rechnungen von *Thirring* und *Lense* (Thirring-Lense-Effekt, 1919) ihre Winkelgeschwindigkeit ω zu

$$\omega = \frac{G}{r^3} \frac{3(Lx)x - Lr^2}{r^2}, \tag{6.16}$$

wobei L der Drehimpuls des Schwarzen Lochs ist. Das lokale Inertialsystem, dessen Achsen durch die Kreisel angezeigt werden, dreht sich also in der Umgebung des Schwarzen Lochs gegenüber dem Stahlgerüst, das die globale Raumstruktur andeuten soll. Dieser Effekt ist eine der interessantesten Vorhersagen der allgemeinen Relativitätstheorie und gilt nicht nur für rotierende Schwarze Löcher, sondern ganz allgemein für beliebige rotierende Objekte, wie z.B. die Erde.

Wichtig für die Versuche, Schwarze Löcher experimentell zu entdecken, ist ferner, daß die Bindungsenergie E einer Masse m, die um ein rotierendes Schwarzes Loch kreist, bis zu 42 % der Ruheenergie betragen kann ($E = 0{,}42\, mc^2$). Wenn Materie in ein rotierendes Schwarzes Loch fällt, so kann bis zu 42 % der Ruhemasse in Energie verwandelt werden!

6.5. Explodierende Schwarze Löcher

Das wichtigste Charakteristikum Schwarzer Löcher ist die Tatsache, daß Licht und Materie zwar in diese Löcher hineinfallen können, aus der Region innerhalb des Schwarzschildradius aber nicht wieder emittiert werden können. Überraschenderweise gilt dieses Ergebnis aber nur im Rahmen der klassischen Physik. Die Quantentheorie führt zu einer wesentlichen Abänderung der Eigenschaften Schwarzer Löcher, wie *Steven Hawking* in einer berühmten Arbeit im Jahre 1974 zeigte. Sein Ergebnis war, daß quantenmechanische Effekte zu einer Emission von Licht und Materie führen, die allerdings nur bei Schwarzen Löchern wesentlich ist, deren Radius mit der Größe von Elementarteilchen vergleichbar ist ("Mini-black holes").

Die physikalische Ursache dieses Effekts liegt in der Paarerzeugung, die nach den Grundideen der Quantenfeldtheorie ständig und überall im Raum stattfindet. Die

Unschärferelation $\Delta E \cdot \Delta t \approx \hbar$ erlaubt es, für kurze Zeit die zur Erzeugung eines Paars von Teilchen erforderliche Energie aufzubringen. Üblicherweise vernichten sich die beiden Teilchen danach wieder. Findet dieser Prozeß aber in der Umgebung eines Schwarzen Loches statt, so kann eines der beiden Teilchen den Schwarzschildradius durchqueren und in das Schwarze Loch fallen, bevor es vernichtet wird. Das zweite Teilchen wird dann als „reelles" Teilchen nach außen abgestrahlt. Die zur Erzeugung dieses Teilchens notwendige Energie wird dem Energievorrat des Schwarzen Lochs entnommen. Dadurch sinkt die Masse des Schwarzen Lochs ab.

Wir können diesen Vorgang auch so deuten, daß die Paarbildung zur Erzeugung eines Teilchens mit negativer – und eines Teilchens mit positiver Energie führt. Fällt das Teilchen mit negativer Energie in das Schwarze Loch, so wird das Teilchen mit positiver Energie nach außen abgestrahlt. Bei diesem Prozeß verringern sich Energie und Masse des Schwarzen Lochs.

Die Rechnungen von Hawking zeigten, daß die Strahlung, die von einem Schwarzen Loch ausgeht, überraschend einfache Eigenschaften aufweist. Es handelt sich dabei nämlich um die aus der Thermodynamik wohlbekannte Schwarze Strahlung, deren Temperatur mit der Masse des Schwarzen Loches in einfacher Weise verknüpft ist. Das Wiensche Verschiebungsgesetz erlaubte, Temperatur und Intensität der Strahlung in einfacher Weise abzuschätzen. Es besagt nämlich, daß Schwarze Strahlung mit der Temperatur T vor allem Photonen enthält, deren Wellenlänge λ durch

$$\lambda \cdot T \approx \frac{\hbar c}{k} \tag{6.17}$$

gegeben ist. Die Wellenlänge der Strahlung, die von einem Schwarzen Loch ausgeht, muß aber in einfacher Weise mit den geometrischen Eigenschaften des Schwarzen Loches verknüpft sein. Da hier nur der Schwarzschildradius in Frage kommt, muß die ausgesandte Strahlung vor allem Wellenlängen enthalten, die von der Größenordnung des Schwarzschildradius sind, für die also $\lambda \approx \mathcal{R}$ gilt. Daraus können wir die Temperatur des Schwarzen Loches berechnen:

$$T \approx \frac{\hbar c}{k} \approx \frac{\hbar c^3}{kGM} \approx \frac{10^{24}\,\mathrm{K}}{(M/\mathrm{kg})}\,. \tag{6.18}$$

> Schwarze Löcher strahlen thermische Strahlung ab, deren Temperatur umgekehrt proportional zur Masse des Schwarzen Loches ist.

Um die von einem Schwarzen Loch emittierte Strahlungsleistung P zu berechnen, multiplizieren wir das aus der Thermodynamik bekannte Emissionsvermögen bei der Temperatur T mit der Oberfläche $A \approx 4\pi \mathcal{R}^2$ des Schwarzen Loches und erhalten

$$P \approx c\,\frac{(kT)^4}{(\hbar c)^3}\,A \approx c\,\frac{\hbar c}{R^4}\,R^2 = \frac{\hbar c^6}{G^2 M^2}\;. \tag{6.19}$$

Schwarze Löcher mit geringer Masse können also wegen ihrer hohen Temperatur intensive Strahlung aussenden. Numerisch ist der Zusammenhang zwischen Masse und Strahlungsleistung gegeben durch

$$P \approx \frac{10^{38}\,\mathrm{W}}{(M/\mathrm{kg})^2}\,. \tag{6.20}$$

Durch die Aussendung der Strahlung verringert sich die Masse des Schwarzen Loches allmählich. Die Dauer t der Strahlung können wir mit Hilfe der Beziehung $P \cdot t = Mc^2$ näherungsweise abschätzen. Es ergibt sich

$$t \approx \frac{Mc^2}{P} \approx \frac{G^2 M^3}{\hbar c^4} \approx 10^{-20}\,\mathrm{s}\,(\mathrm{M/kg})^3\,. \tag{6.21}$$

Die obigen Resultate zeigen, daß der Hawking-Effekt für Schwarze Löcher mit einer Masse von einigen Sonnenmassen nur zu vernachlässigbaren Temperaturen und Strahlungsleistungen führt. Dagegen könnten kleinere Schwarze Löcher sogar eine astrophysikalisch bedeutsame Strahlungsleistung aufweisen, wenn auch nur für sehr kurze Zeit. Es fragt sich aber, wie derartige Schwarze Löcher entstehen können. Der in den früheren Kapiteln diskutierte Gravitationskollaps führt ja stets zur Entstehung von Schwarzen Löchern, deren Masse größer als die Chandrasekhar-Grenze ist. Man könnte sich aber vorstellen, daß kleinere Schwarze Löcher in der Anfangszeit des Universums, vor etwa 10 Milliarden Jahren, entstanden sind. Die Überlegungen des Kapitels 10 lassen vermuten, daß die Dichte des Universums in seiner Anfangsphase sehr hoch war. Zu dieser Zeit könnten durch Kollaps von Materieregionen auch sehr sehr kleine Schwarze Löcher entstanden sein. Besonders interessant sind dabei Schwarze Löcher mit $M \approx 10^{12}$ kg, deren Lebensdauer nach (6.21) $t \approx 10^{10}$ Jahre beträgt. Dies legt folgendes Bild nahe: Die in der Anfangszeit des Universums entstandenen Schwarzen Löcher strahlen durch Jahrmilliarden mit einer Leistung von rund $P \approx 10^{14}$ W. Dabei nimmt ihre Masse allmählich ab und ihre Temperatur steigt an. Bei geeigneter Anfangsmasse, nämlich $M \approx 10^{12}$ kg, steigen Temperatur und Strahlungsleistung des Schwarzen Lochs gerade zur heutigen Zeit rapide an und in seiner Schlußphase löst sich das Schwarze Loch explosionsartig auf, wobei es einen intensiven Puls von Photonen im Röntgengebiet und von anderen Teilchen emittiert. Aus der bisher erfolglos verlaufenen Suche nach derartigen Strahlungspulsen kann man schließen, daß in der Anfangsphase des Universums zumindest nicht allzu viele der oben beschriebenen „Mini black holes" entstanden sind.

7. Die Suche nach Schwarzen Löchern

Während die Theorie des Gravitationskollapses und der Entstehung Schwarzer Löcher in den Jahren 1963–1973 konkrete Form annahm, wurden Versuche, die

Existenz dieser Objekte auch empirisch nachzuweisen, erst 1969 ernsthaft begonnen. Zunächst mußten Methoden entwickelt werden, wie man Schwarze Löcher mit astronomischen Hilfsmitteln finden kann. Denn die Suche nach Objekten, deren Charakteristik es ist, kein Licht auszustrahlen, ist keine einfache Aufgabe. Es zeigt sich allerdings, daß sich Gas bereits vor dem Erreichen des Schwarzschildradius stark aufheizt, wenn es in ein Schwarzes Loch fällt. Die dabei emittierte Strahlung hat 1972/73 zur Entdeckung des ersten Schwarzen Lochs, Cygnus XI, geführt.

7.1. Methoden zur Entdeckung Schwarzer Löcher

Drei Methoden wurden in den letzten Jahren zur Suche nach Schwarzen Löchern vorgeschlagen (Bild 47):

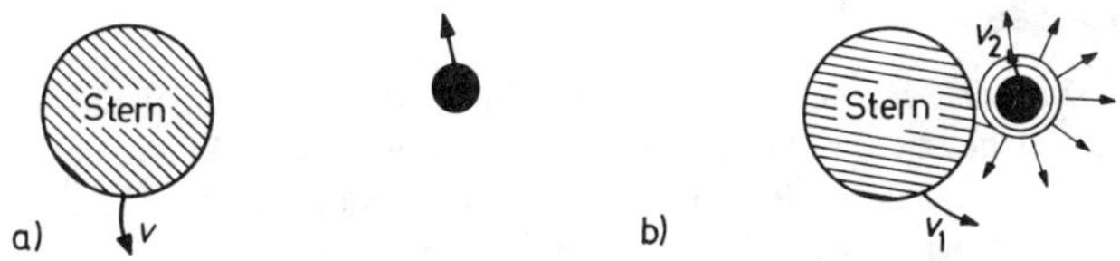

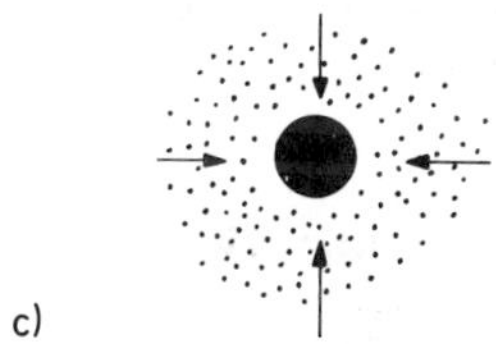

Bild 47. Methoden zur Entdeckung Schwarzer Löcher
a) Stern und Schwarzes Loch: Optische Suche
b) Stern und unmittelbar benachbartes Schwarzes Loch: Gaseinfang und Röntgenstrahlungsemission
c) Einzelnes Schwarzes Loch im interstellbaren Medium: Gaseinfang und Lichtemission

a) Ein Doppelsternsystem, das aus einem normalen Stern und einem Schwarzen Loch besteht, die einander in großer Entfernung (d.h. groß gegen den Sterndurchmesser) umkreisen, kann durch die Dopplerverschiebung der Spektrallinien des Sterns festgestellt werden. Diese Methode soll an Hand des bestuntersuchten Beispiels, ϵ-Aurigae, im Abschnitt 7.2 dargestellt werden.

b) Falls der Stern und das Schwarze Loch in einer Entfernung kreisen, die vergleichbar mit dem Sternradius ist, tritt ein neues Phänomen ein: Gas beginnt vom Stern auf das Schwarze Loch überzuströmen. Dieses Gas heizt sich dabei auf einige Millionen Grad auf und emittiert Röntgenstrahlung. Diese Strahlung kann mit den Mitteln der Röntgenastronomie nachgewiesen werden. Hier sind 1972/73 neue Resultate erzielt worden, die in den Abschnitten 7.3–7.5 besprochen werden.

c) Auch einzelne Schwarze Löcher verraten ihre Anwesenheit dadurch, daß sie das interstellare Gas allmählich einfangen. Das Gas heizt sich dabei auf und sendet Licht aus. Dieses Licht wird ausgestrahlt, bevor das Gas den Schwarzschildradius erreicht, so daß kein Widerspruch zu der früher gegebenen Charakterisierung

Schwarzer Löcher besteht. Die geringe Dichte des interstellaren Mediums (in Regionen ionisierten Wasserstoffs ist $\rho \approx 10^{-21}$ kg/m^3) bewirkt allerdings, daß nicht so spektakuläre Erscheinungen auftreten wir in dem unter b) skizzierten Doppelsternsystem. Das gleichmäßig in das Schwarze Loch strömende interstellare Gas erreicht nun einige Tausend Grad, bevor es hinter dem Schwarzschildradius verschwindet. Die dabei ausgesandte Strahlung entspricht für ein Schwarzes Loch von etwa zehn Sonnenmassen in Intensität und Spektralverteilung ziemlich genau derjenigen eines Typs von weißen Zwergsternen (DC-Zwerge). Es wäre daher möglich, daß einige der bisher als Weiße Zwerge klassifizierten Objekte tatsächlich Schwarze Löcher sind, die sich von interstellarem Gas „ernähren". Wegen der großen Ähnlichkeit der Strahlungscharakteristiken ist hier keine Entscheidung und damit auch kein schlüssiger Nachweis Schwarzer Löcher möglich.

7.2. Epsilon Aurigae

Die in Bild 47a skizzierte Methode scheint der offensichtlichste Weg zur Entdeckung Schwarzer Löcher zu sein. Wenn wir ein Doppelsternsystem finden, in dem nur eine Komponente sichtbar ist und die andere schwerer ist als die obere Massengrenze für Neutronensterne, so kann es sich dabei nur um ein Schwarzes Loch handeln. Denn die Massen erkalteter Weißer Zwerge oder Neutronensterne müssen unterhalb der Chandrasekhar-Grenze liegen, wie wir in Abschnitt 4 festgestellt haben.

Diese Überlegungen klingen sehr überzeugend. Um zu sehen, warum diese Methode doch nicht so gut funktioniert, wie man erwarten würde, wenden wir uns dem bestuntersuchten Beispiel, ϵ-Aurigae, zu.

ϵ-Aurigae ist ein Stern der Größe $m = 3{,}1$, der mit freiem Auge zu sehen und in jeder Sternkarte eingezeichnet ist. Der Stern weist eine periodische Dopplerverschiebung seiner Spektrallinien auf, was zeigt, daß er Teil eines Doppelsternsystems mit unsichtbarer zweiter Komponente ist. Die Verschiebung der Spektrallinien erlaubt es, die Bahngeschwindigkeit des Sterns zu

$$v_1 = 14 \text{ km/s} \tag{7.1}$$

zu bestimmen. Die Periode τ der Bewegung ist

$$\tau = 9883 \text{ Tage} = 27{,}1 \text{ Jahre.} \tag{7.2}$$

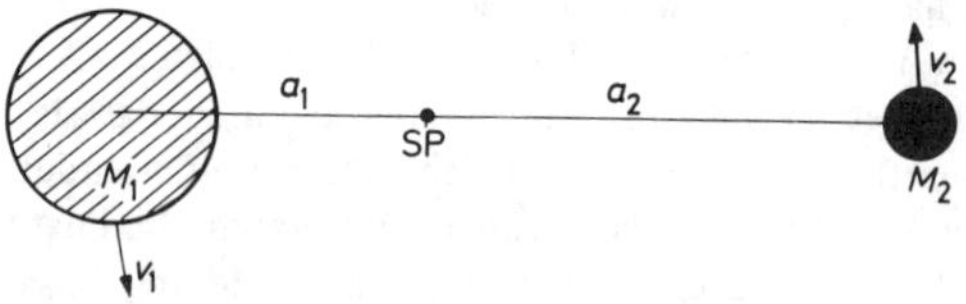

Bild 48
Berechnung der Massenfunktion eines Doppelsternsystems (SP = Schwerpunkt)

Aus diesen beiden Daten kann die sogenannte Massenfunktion des Doppelsternsystems berechnet werden (Bild 48). Die beiden Sterne (von denen nur einer sichtbar ist, während der andere eventuell ein Schwarzes Loch ist) bewegen sich um den gemeinsamen Schwerpunkt SP auf Bahnen, deren große Halbachsen a_1 bzw. a_2 im Verhältnis

$$a_2 : a_1 = M_1 : M_2 = v_2 : v_1 \tag{7.3}$$

stehen. Die beobachtete Geschwindigkeit v_1 kann durch a_1 und die Periode τ ausgedrückt werden:

$$v_1 = \frac{2\pi\, a_1}{\tau} \sin i \tag{7.4}$$

Dabei ist i der (unbekannte) Winkel zwischen Bahnebene und Beobachtungsrichtung (Erde; Bild 49). Die einfache Relation (7.4) gilt zwar nur für Kreisbahnen exakt, es zeigt sich jedoch, daß die hier zu besprechenden Systeme alle annähernd kreisförmige Bahnen aufweisen.

Bild 49
Geometrie der Doppelsternbahn

Weitere Information über das System folgt aus dem Keplerschen Gesetz

$$\tau = 2\pi a^{\frac{3}{2}} (GM_1 + GM_2)^{-\frac{1}{2}}, \quad a = a_1 + a_2. \tag{7.5}$$

Aus den Gln. (7.3) und (7.4) erhalten wir

$$a_1 = a \, \frac{M_2}{M_1 + M_2} \tag{7.6}$$

und

$$v_1 = \frac{2\pi a}{\tau} \, \frac{M_2}{M_1 + M_2} \sin i. \tag{7.7}$$

Wenn wir a aus den Gln. (7.5) und (7.7) eliminieren, ergibt sich die *Massenfunktion* des Systems

$$\mathcal{M} = \frac{M_2^3}{(M_1 + M_2)^2} \sin^3 i = \frac{v_1^3 \tau}{2\pi G}. \tag{7.8}$$

Da die Massenfunktion nun v_1 und τ enthält, kann sie bereits aus der Beobachtung eines Partners eines Doppelsternsystems berechnet werden. Für ϵ-Aurigae ist

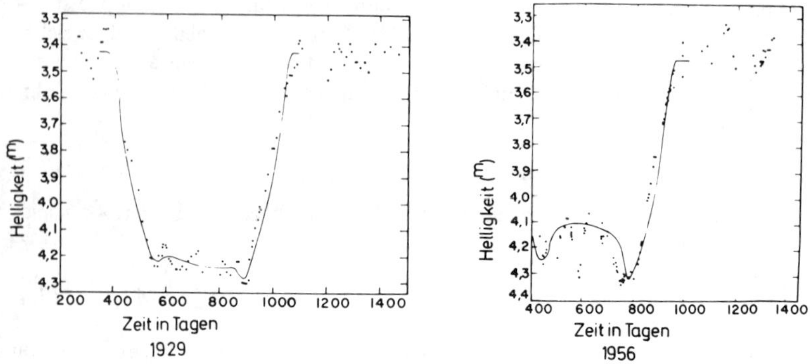

Bild 50. Helligkeiten von ϵ-Aurigae während der Verfinsterungen der Jahre 1929 und 1956 (Die Kurven sind das Ergebnis des Modells von *Wilson,* s. u.).

$\mathcal{M} = 3{,}12\,M_\odot$. Wenn die Masse M_1 der sichtbaren Komponente des Systems aus spektroskopischen Daten ermittelt wird und andererseits Rückschlüsse auf sin i möglich sind, so kann die Masse M_2 des unsichtbaren Objekts aus Gl. (7.8) berechnet werden.

Für ϵ-Aurigae schätzt man aus dem Spektraltyp auf eine Masse $M_1 \approx 12-25\,M_\odot$. Sehr enge Grenzen für sin i folgen ferner aus der Tatsache, daß ϵ-Aurigae eine Bedeckungsveränderliche ist. Alle 27 Jahre wird der Stern von seinem Partner teilweise verdeckt, wie die Lichtkurven in Bild 50 zeigen. Während dieser Verfinsterungen fällt die Helligkeit des Sterns etwa um einen Faktor 2 ab und bleibt etwa 360 Tage lang gleichmäßig niedrig.

Die Existenz der Verfinsterungen zeigt, daß $\sin i \approx 1$ sein muß, da nur dann die beiden Sterne des Systems einander verdecken können. Setzen wir dies in Gl. (7.8) ein und berücksichtigen wir die Abschätzung von M_1, so folgt für die Masse des unsichtbaren Objekts

$$M_2 \approx 12-18\,M_\odot. \tag{7.9}$$

Da M_2 wesentlich größer ist als die Chandrasekhar-Grenze, ist man versucht anzunehmen, daß das unsichtbare Objekt ein Schwarzes Loch ist.

Allerdings sind Schwarze Löcher sehr kleine Objekte. Ein Schwarzes Loch mit $M_2 = 15\,M_\odot$ hat einen Radius von nur 45 km, so daß es unmöglich einen wesentlichen Teil von ϵ-Aurigae verdecken kann.

Um diesen Widerspruch aufzulösen, müssen wir annehmen, daß das Schwarze Loch von einem Ring semitransparenten Materials umgeben ist (Bild 51).

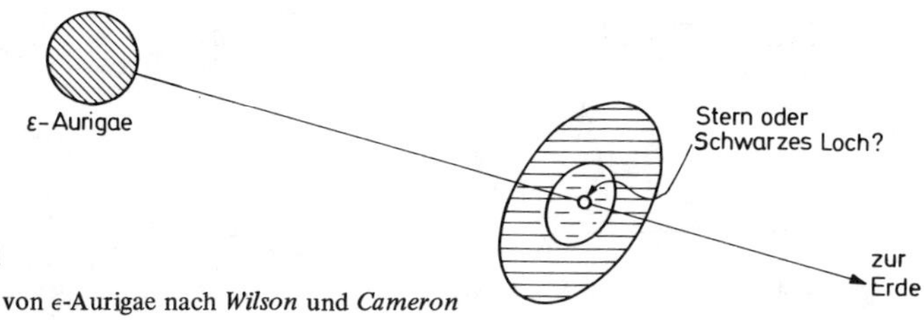

Bild 51

Modell von ϵ-Aurigae nach *Wilson* und *Cameron*

Diese zunächst willkürliche Annahme (die auf Studien von *Wilson* und *Cameron* zurückgeht) löst das Problem der ungewöhnlichen Lichtkurven von ϵ-Aurigae. Wenn wir nämlich annehmen, daß ein zweiter (dunkler) Stern die Verfinsterungen verursacht (und nicht ein von einem Ring umgebenes Schwarzes Loch), so folgen daraus Lichtkurven, die ganz anders verlaufen als die beobachteten Kurven in Bild 50, die sehr ungewöhnlich für Bedeckungsveränderliche sind (siehe Bild 52). Dagegen kann das Modell des Schwarzen Lochs mit dem semitransparenten Ring die Verfinsterung von ϵ-Aurigae sehr gut erklären, wie die theoretischen Lichtkurven zeigen, die in Bild 50 eingetragen sind.

Ein Schwarzes Loch, das von einem Ring umgeben ist, ist damit ein mögliches Modell für ϵ-Aurigae. Aber ist dieses Modell eindeutig? Gibt es keine andere Erklärung der Verfinsterungen? Leider enthalten die obigen Argumente tatsächlich eine Lücke. Wenn sich nämlich die Helligkeiten zweier Partner eines (spektroskopischen) Doppelsternsystems um mehr als einen Faktor 10 unterscheiden, so ist stets nur eine Komponente sichtbar, da die andere überstrahlt wird. Kann der unsichtbare Partner von ϵ-Aurigae ein Normalstern sein, der 10-mal lichtschwächer ist als der Hauptstern? Dies könnte tatsächlich der Fall sein, falls beide Sterne an der Obergrenze des Massenintervalls liegen, d. h. $M_1 = 25\,M_\odot$, $M_2 = 18\,M_\odot$. In diesem Fall ist M_2 so viel kleiner als M_1, daß der Unterschied in der Leuchtkraft den Faktor 10 erreicht.

Wie können wir zwischen Schwarzem Loch und Normalstern als Partner von ϵ-Aurigae unterscheiden? Die Antwort könnte in Bild 50 verborgen sein. Während die Verfinsterung des Jahres 1929 eine Lichtkurve mit sehr flachem Minimum zeigt, steigt die Helligkeit 1956 nach einem anfänglichen Minimum wieder an (dies ist durch eine kleine Änderung der Transparenz der Scheibe erklärbar) und zeigt einen kurzen, scharfen Abfall in der Mitte der Kurve. Dieser Abfall wird durch das Modell in Bild 51 nicht vorhergesagt und könnte auf einen Stern zurückzuführen sein, der anstelle des Schwarzen Lochs im Zentrum der Scheibe steht.

Erst die Verfinsterung des Jahres 1983 wird es vielleicht erlauben, hier weitere Entscheidungen zu treffen und zu sagen, ob tatsächlich ein Schwarzes Loch den unsichtbaren Partner von ϵ-Aurigae bildet.

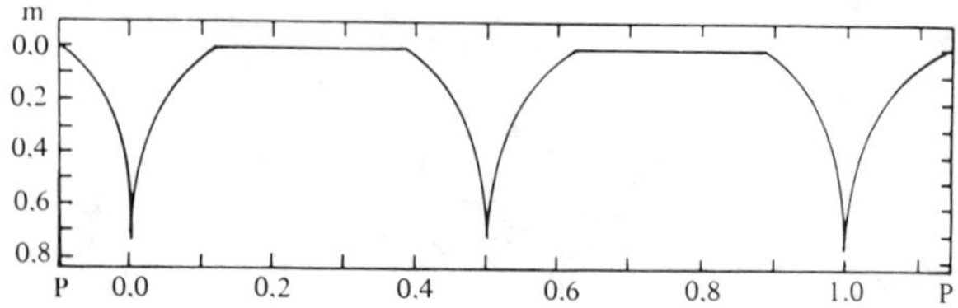

a) zwei gleichgroße und gleichhelle Sterne. Neigung 90°

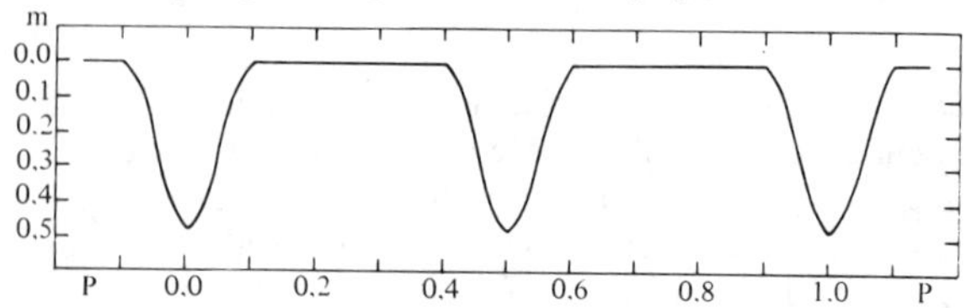

b) zwei gleichgroße und gleichhelle Sterne. Neigung kleiner als 90 °

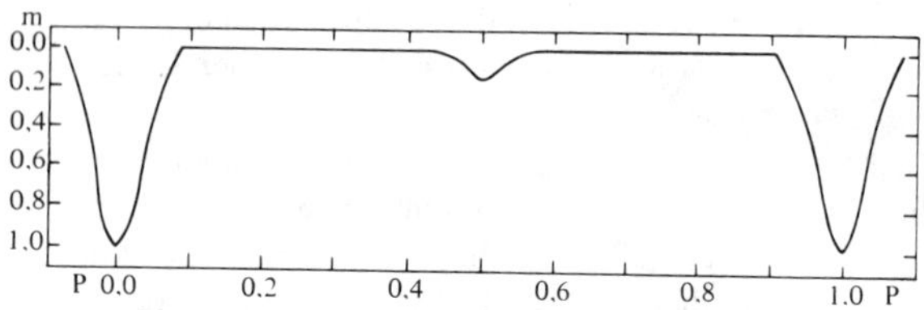

c) zwei ungleichgroße und verschieden helle Sterne. Neigung kleiner als 90°

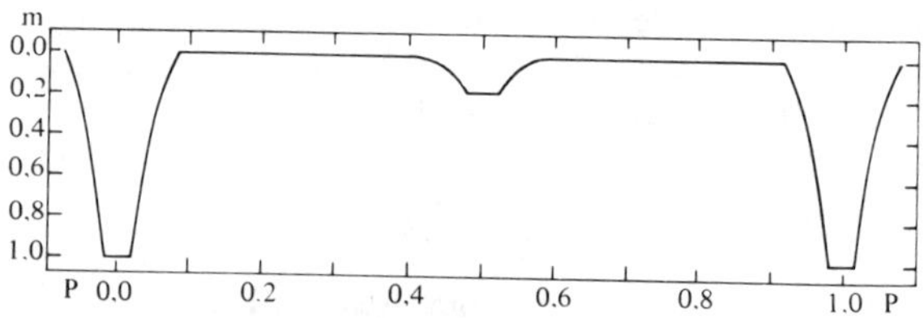

d) zwei ungleichgroße und verschieden helle Sterne. Neigung 90°

Bild 52. Die typischen Lichtkurven von Bedeckungsveränderlichen unterscheiden sich grundlegend von den Kurven in Bild 50

7.3. Doppelsternsysteme als Röntgenquellen

Wenn der Abstand der Partner eines Doppelsternsystems mit dem Sternradius vergleichbar ist, also ein enges Doppelsternsystem vorliegt, tritt ein neues Phänomen auf: Gas strömt von einem Partner zum anderen über. Dieser Massenaustausch wird in zahlreichen Doppelsternsystemen beobachtet und kann bis zu $10^{-6}\ M_\odot$ pro Jahr erreichen.

Wenn nun ein Teil des Doppelsternsystems ein Neutronenstern oder ein Schwarzes Loch ist, so werden beim Massenaustausch gewaltige Energien auf kleinstem Raum frei. Das Gas wird auf einige Millionen Grad aufgeheizt und emittiert Röntgenstrahlung. Diese Situation ist in Bild 53 gezeigt.

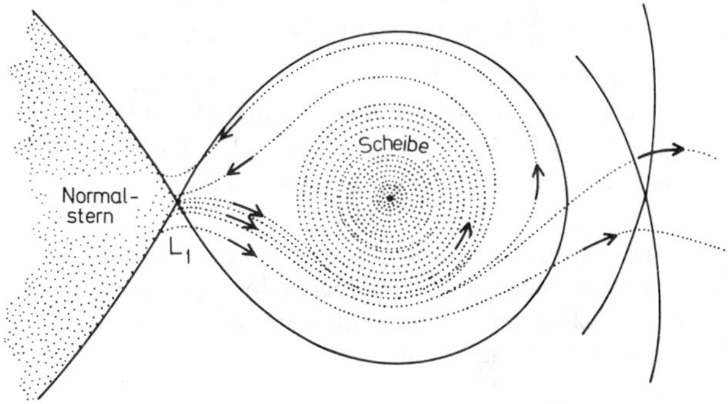

Bild 53
Gasströmungen in einem Doppelsternsystem

Das Gas strömt vom normalen Stern durch den „Lagrange-Punkt" L_1 zum anderen Stern über. Dort schwenkt das Gas durch Corioliskräfte auf eine Kreisbahn ein, so daß sich ein Ring rund um den zweiten Stern (bzw. das Schwarze Loch) bildet. Das Geschwindigkeitsprofil in diesen Ringen (engl. "accretion disk") ist sehr ähnlich demjenigen, das wir bei der Rotation der Galaxis kennengelernt haben, so daß die Geschwindigkeit durch

$$v^2 = \frac{GM_2}{r}$$

gegeben ist. Da $v \propto r^{-1/2}$, liegt keine starre Rotation des Rings vor (für diese wäre $v \propto r$), sondern die inneren Teile rotieren weit schneller als die äußeren. Durch die entstehende Reibung heizt sich das Gas auf und sendet Licht und Röntgenstrahlung aus.

Dieser Energieverlust führt dazu, daß das Gas allmählich nach innen spiralt. Der innere Rand R_1 des Gasrings wird entweder durch die Oberfläche des zweiten Sterns gebildet (falls nicht schon vorher Instabilitäten auftreten) oder, im Falle eines Schwarzen Lochs, durch den Radius der kleinsten stabilen Kreisbahn.

Die Leuchtkraft des Rings hängt von der pro Sekunde einströmenden Masse ab und auch davon, welcher Bruchteil ϵ dieser Masse nach $E = mc^2$ in Energie verwandelt werden kann. Um ϵ abzuschätzen, verwenden wir die Resultate des Abschnitts 6.3. Die Bindungsenergie E eines Teilchens m, das sich auf einer Kreisbahn mit Radius R_1 in einem Gravitationsfeld bewegt, ist

$$E \approx \epsilon \cdot mc^2 \approx \left(\frac{\mathcal{R}}{R_1}\right) \cdot mc^2 ,$$

wobei $\mathcal{R}$ der Schwarzschildradius der Masse M_2 ist. Diese Energie kann in Form von elektromagnetischer Strahlung freigesetzt werden, während das Teilchen allmählich auf Spiralbahnen zu Radius R_1 gelangt.

Wieder ist es das Verhältnis von Schwarzschildradius zu Radius, das ϵ bestimmt.

Demnach kann ungefähr das 10^{-6}-fache des Massensterns in Strahlung umgesetzt werden, falls es sich um eine Gasscheibe und um einen normalen Stern handelt; das 10^{-4}-fache, falls ein Weißer Zwerg vorliegt; das 10^{-1}-fache, falls ein Neutronenstern der Partner im Doppelsternsystem ist; und zwischen 5 % und 40 % für ein Schwarzes Loch.

Wenn wir annehmen, daß etwa $10^{-9}\,M_\odot$ pro Jahr vom Normalstern überströmen (diese Annahme kann man noch weitergehend begründen), so folgt daraus Tabelle 7 für die Leuchtkraft L der Gasscheibe ($10^{-9}\,M_\odot$ pro Jahr entspricht eine Strahlungsleistung von 10^{31} W bei vollständiger Umwandlung in Energie, $\epsilon = 1$).

Tabelle 7

Objekt	ϵ	L (Watt)
Normalstern	10^{-6}	10^{25}
Weißer Zwerg	10^{-4}	10^{27}
Neutronenstern	10^{-1}	10^{30}
Schwarzes Loch	0,05–0,40	10^{30}

Das Strahlungsspektrum kann grob abgeschätzt werden, indem wir annehmen, daß schwarze Strahlung (thermisches Spektrum) ausgesendet wird. Dann ist die Leuchtkraft der Scheibe durch

$$L \approx \sigma R^2 T^4 \tag{7.10}$$

gegeben, wobei $\sigma = 5{,}67 \cdot 10^{-8}\ \mathrm{W/m^2}$ die Stefan-Konstante ist und R ein charakteristischer Radius der Gasscheibe, für den wir den etwa 5–10-fachen Sternradius einsetzen können. Wenn wir die obige Gleichung durch $L_\odot \approx \sigma R_\odot^2 T_\odot^4$ dividieren (diese Relation verbindet Leuchtkraft und Temperatur der Sonne), so erhalten wir

$$\frac{L}{L_\odot} = \left(\frac{R}{R_\odot}\right)^2 \left(\frac{T}{T_\odot}\right)^4 . \tag{7.11}$$

Da L aus Tabelle 7 bekannt ist und auch die Radien der Größenordnung nach abgeschätzt werden können, ermöglicht es Gl. (7.11), die Temperatur der Gasscheibe anzugeben. Da die mittlere Energie E_γ der Photonen in der thermischen Strahlung proportional zur Temperatur ist (Wiensches Verschiebungsgesetz) und für die Sonne $E_{\gamma\odot} \approx 1$ eV beträgt (Frequenzen $\nu_\odot \approx 10^{15}$ Hz aus $E_{\gamma\odot} = h\nu_\odot$), folgt

$$\frac{E_\gamma}{1\,\mathrm{eV}} \approx \frac{\nu}{\nu_\odot} \approx \frac{T}{T_\odot} \approx \left(\frac{L}{L_\odot}\right)^{\frac{1}{4}} \left(\frac{R_\odot}{R}\right)^{\frac{1}{2}}. \tag{7.12}$$

Setzen wir die Leuchtkraft L gemäß Tabelle 7 ein und verwenden die erwähnte Abschätzung für R, so folgt Tabelle 8.

Tabelle 8

Objekt	L (Watt)	R (m)	E
Normalstern	10^{25}	10^9	1 eV
Weißer Zwerg	10^{27}	10^7	10 eV
Neutronenstern	10^{30}	10^5	1 keV
Schwarzes Loch	10^{30}	10^5	1 keV

> Charakteristisch für die Gasscheibe um Neutronensterne und Schwarze Löcher ist die Emission von Röntgenstrahlen im keV-Bereich.

Derartige Röntgenstrahlen können weder beim Einfang des Gases durch Normalsterne noch durch Weiße Zwerge entstehen, da diese Objekte sehr groß und ihre Gravitationsfelder zu schwach sind. Daher gilt:

> Doppelsternsysteme, die starke Röntgenstrahlung aussenden, müssen ein Schwarzes Loch oder einen Neutronenstern enthalten.

Damit sind wir bei der Suche nach Schwarzen Löchern um einen wesentlichen Schritt weitergekommen. Wie können wir aber zwischen Neutronensternen und Schwarzen Löchern unterscheiden? Dies ist in der folgenden Gegenüberstellung analysiert

Gaseinfang und Röntgenemission durch

Neutronenstern	*Schwarzes Loch*
Masse stets $M < 3\,M_\odot$	Massen $> 3\,M_\odot$ möglich und erwartet
Starkes Magnetfeld	kein Magnetfeld
Regelmäßige Röntgenpulse durch Leuchtturmeffekt wie bei Pulsaren.	unregelmäßige Schwankungen der Röntgenemission.

Die Masse der Röntgenquelle und die Regelmäßigkeit der emittierten Strahlung geben uns damit 2 Kriterien, um zwischen den beiden Möglichkeiten zu unterscheiden.

Die experimentellen Resultate der Röntgenastronomie haben gezeigt, daß beide Arten von Quellen, irreguläre und gepulste, existieren. In den Abschnitten 7.4 und 7.5 werden wir jeweils ein Beispiel einer derartigen Quelle diskutieren.

7.4. Hercules X1 – ein Neutronenstern

Bis vor wenigen Jahren war die Erdatmosphäre für die Röntgenastronomie ein unüberwindliches Hindernis. Bild 54 zeigt, daß gerade Strahlung im keV-Bereich bereits in großen Höhen über der Erde absorbiert wird. Dies ist zwar für die Existenz von Röntgenastronomen sehr wesentlich (irdisches Leben könnte ohne die strahlenabsorbierende Wirkung der Atmosphäre nicht bestehen), aber für ihre Berufsausübung unerwünscht. Röntgenastronomie im keV-Bereich wurde somit erst möglich, als Raketen und Satelliten zur Verfügung standen, wobei nur Satelliten längerdauernde Messungen und genaue Richtungsbestimmung der Quelle der Strahlung zulassen.

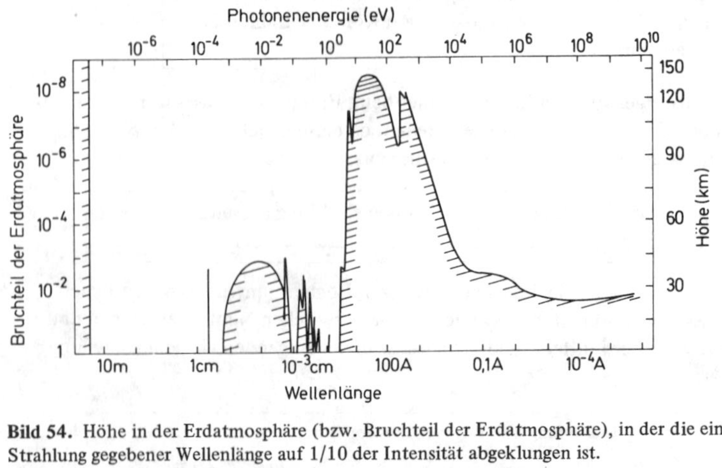

Bild 54. Höhe in der Erdatmosphäre (bzw. Bruchteil der Erdatmosphäre), in der die einfallende Strahlung gegebener Wellenlänge auf 1/10 der Intensität abgeklungen ist.

Von besonderer Bedeutung ist dabei der am 12. Dezember 1970 gestartete Satellit *Uhuru*, der bereits *über* 100 *Röntgenquellen* am Himmel entdeckt hat, von denen 2 hier im Detail beschrieben werden sollen.

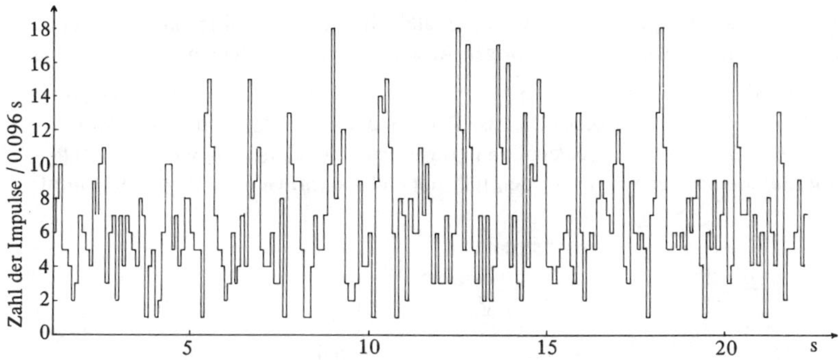

Bild 55. Das Röntgensignal von Hercules X1

Die spezielle Quelle, die hier diskutiert werden soll, ist Hercules X1. Ihr Röntgensignal ist in Bild 55 gezeigt. Das Röntgensignal zeigt klar die typischen Charakteristiken eines Pulsars. Die Impulse treffen regelmäßig mit einer Periode von

$$\tau_1 = 1{,}23782 \text{ s} \tag{7.13}$$

ein, die wir als Rotationsperiode des Neutronensterns (analog zu den übrigen Pulsaren) zu identifizieren haben.

Die Röntgensignale weisen noch eine zweite Periodizität auf. Nach jeweils

$$\tau = 1{,}700167 \text{ Tagen} \tag{7.14}$$

setzen die Pulse für einige Stunden aus. Offenbar ist die Röntgenquelle Teil eines Doppelsternsystems, dessen normale Komponente die Röntgenquelle periodisch verdeckt! Die große Präzision, mit der τ_1 gemessen werden konnte, ermöglichte es, in der Folge auch Dopplerverschiebungen in der Periodizität dieser Signale festzustellen, die auf die Bahnbewegung der Röntgenquelle mit einer Geschwindigkeit

$$v_2 \sin i = 169 \text{ km/s} \tag{7.15}$$

zurückzuführen sind. Aus den Gln. (7.14) und (7.15) kann die Massenfunktion des Systems

$$\mathcal{M} = \frac{M_1^3}{(M_1 + M_2)^2} \sin^3 i = 0{,}85\, M_\odot \tag{7.16}$$

berechnet werden. Dabei ist M_2 die Masse der Röntgenquelle. Der daraus bestimmte (projizierte) Radius der Bahn ist

$$a \sin i = 4 \cdot 10^9 \text{ m} \tag{7.17}$$

mit Sternradien (vgl. $R_\odot = 7 \cdot 10^8$ m) vergleichbar. Es liegt daher ein enges Doppelsternsystem vor, wie wir es im vorigen Abschnitt behandelt haben.

Nachdem diese Daten feststanden, begann eine fieberhafte Suche nach dem Stern, um den die Röntgenquelle kreist. Im September 1972 konnten *John* und *Neta Bahcall* schließlich zeigen, daß der Stern *HZ Herculis Lichtschwankungen und Farbänderungen aufweist,* deren Periode genau mit Gl. (7.14) übereinstimmt.

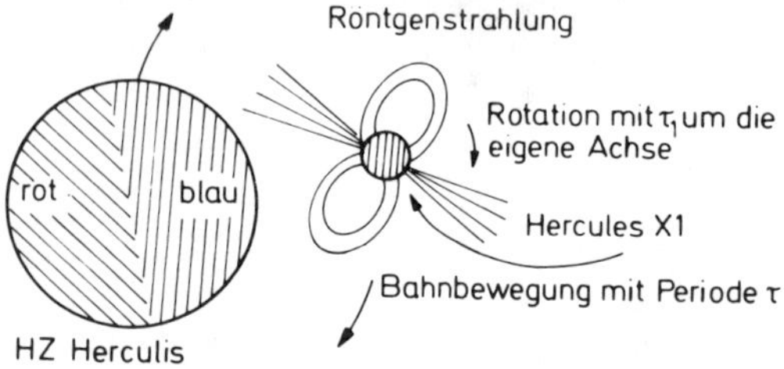

Bild 56
Modell des Systems

Damit war der gesuchte Stern gefunden, und auch die Ursache der Helligkeits- und Farbänderungen war sehr bald klar: Die intensive Röntgenstrahlung des Pulsars heizt eine Seite von HZ Herculis auf. Diese Seite leuchtet stark und eher bläulich, während die andere Seite lichtschwächer und rot ist. Nachdem auch die Masse von HZ Herculis zu etwa $M_1 = 1{,}6 - 2{,}5\,M_\odot$ auf spektroskopischem Wege bestimmt war, führten detaillierte Studien (die den Neigungswinkel i der Bahn ermittelten) auf die Masse

$$\boxed{M_2 \approx 0{,}9\,M_\odot} \tag{7.18}$$

für Hercules X1 (Schätzungen verschiedener Autoren reichen dabei von 0,5 bis $1{,}3\,M_\odot$). *Dies ist die erste Massenbestimmung für einen Neutronenstern!*

Aus dem Spektraltyp läßt sich auch die Entfernung von HZ Herculis von der Erde bestimmen, sie ist etwa 20.000 Lichtjahre. Daraus kann wieder die Helligkeit der Röntgenquelle abgeschätzt werden; sie beträgt

$$L \approx 10^{30}\ \mathrm{W}$$

im Einklang mit den früher angestellten Überlegungen.

7.5. Cygnus X1 – ein Schwarzes Loch

Die Röntgenquelle *Cygnus X1* liegt im Sternbild des Schwans. Das von ihm ausgehende Signal unterscheidet sich grundlegend von den regelmäßigen Impulsen der

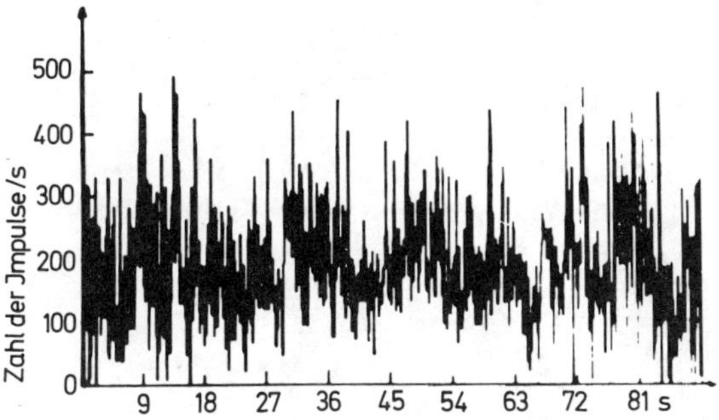

Bild 57
Das Röntgensignal von Cygnus X1

Hercules-Quelle (Bild 57). *Das Signal weist keine erkennbaren Periodizitäten auf* und fluktuiert stark innerhalb von Tausendstelsekunden. Dies weist bereits auf eine sehr kompakte Quelle hin.

Cygnus X1 zeigt keine Bedeckungsveränderlichkeit. Dies und das nichtperiodische Röntgensignal lassen nicht einmal erkennen, ob es sich bei dieser Quelle um ein Doppelsternsystem handelt oder nicht.

Erst nachdem die Position der Röntgenquelle in einer Reihe von Präzisionsexperimenten genau bestimmt werden konnte, zeigte es sich, daß ein Stern 13. Größe, HDE 22 6868 (dies ist eine Nummer eines Sternkataloges), an der angegebenen Stelle zu finden war (Bild 58), der tatsächlich eine Dopplerverschiebung aufwies! Die Messungen ergaben für HDE 22 6868

$$v_1 = 75\ \text{km/s}, \qquad \tau = 5{,}6\ \text{Tage}, \tag{7.19}$$

so daß die Massenfunktion des Systems

$$\mathcal{M} = \frac{M_2^3}{(M_1 + M_2)^2} \sin^3 i = 0{,}242\, M_\odot \tag{7.20}$$

beträgt.

Die Untersuchung des Spektrums von HDE 22 6868 läßt auf einen Überriesen der Masse $M_1 \approx 20\text{–}25\, M_\odot$ schließen. Setzt man dies in Gl. (7.20) ein, so folgt daraus M_2 als Funktion von $\sin i$. Das Minimum von M_2 ergibt sich dabei für $\sin i = 1$ zu $5{,}5\, M_\odot$, so daß

$$\boxed{M_2 \geqslant 5{,}5\, M_\odot} \tag{7.21}$$

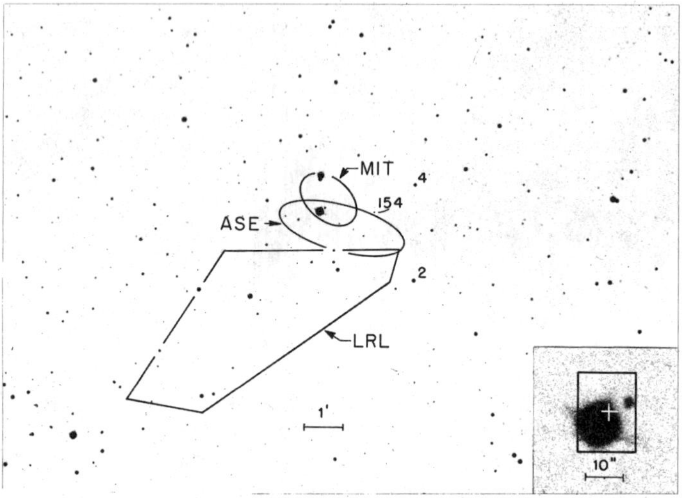

Bild 58. Positionsbestimmung der Röntgenquelle Cygnus X1. Negativplatte aufgenommen am Mount Wilson. Nach den Satellitenmessungen der Forschungsgruppen von MIT (Mass. Inst. of Technology), ASE (American Science and Engineering) und LRL (Lawrence Radiation Laboratory) sollte die Röntgenquelle in dem jeweils markiertem Gebiet liegen. Tatsächlich ist HDE 22 6868 – um den Cygnus X1 kreist – der helle Stern im Durchschnitt von MIT und ASA (siehe Ausschnittvergrößerung in der SW-Ecke).

Diese Masse liegt deutlich über den oberen Massengrenzen für Neutronensterne! Da $\sin i = 1$ unverträglich mit der Tatsache ist, daß Cygnus X1 keine Verfinsterungen aufweist, muß M_2 stark über der unteren Grenze (Gl. (7.21)) liegen. Detaillierte Studien des Systems führen auf die Abschätzung

$$\boxed{M_2 \approx 14 M_\odot}$$

und ferner auf $i \approx 27°$, einen Abstand von 6000 Lichtjahren von der Erde und eine Intensität der Röntgenstrahlung von etwa 10^{30} W. Daraus folgt:

Es ist sehr wahrscheinlich, daß Cygnus X1 ein Schwarzes Loch ist.

Alle Daten stimmen mit unseren Erwartungen überein: Unregelmäßiges Röntgensignal, Masse über $3 M_\odot$ und schließlich auch die Intensität der Röntgenstrahlung.

Noch sind jedoch Fragen offen: Wie kann ein Stern den Gravitationskollaps erreichen und zum Schwarzen Loch werden, ohne daß dadurch das Doppelsternsystem zerstört wird? Mehr noch, die Dopplermessungen weisen auf eine fast kreisförmige Bahn des Systems hin, wogegen man zumindest eine sehr stark exzentrische Bahnkurve erwarten würde, wenn ein Doppelsternsystem durch den Gravitationskollaps eines seiner Partner erschüttert wird.

Die relativistische Astrophysik verspricht jedenfalls eines der interessantesten Forschungsgebiete der nächsten Jahre zu werden!

7.6. Schwarze Löcher in Sternhaufen und Galaxien

Wir haben uns bisher mit Schwarzen Löchern beschäftigt, deren Masse im Bereich typischer Sternmassen gelegen war. Die Beobachtungen der letzten Jahre lassen aber vermuten, daß Schwarze Löcher im Zentrum von kugelförmigen Sternhaufen und von Galaxien existieren, die wesentlich höhere Masse aufweisen.

Die ersten Hinweise darauf fanden sich vor einigen Jahren in einigen kugelförmigen Sternhaufen, welche die Milchstraße umgeben. Zählungen der Anzahl der Sterne als Funktion der Entfernung vom Zentrum des Sternhaufens ergaben in drei Sternhaufen eine unerwartet hohe Konzentration von Sternen in der unmittelbaren Umgebung des Zentrums. Diese Konzentration könnte auf die Existenz eines Schwarzen Lochs mit einer Masse von einigen Tausend Sonnenmassen zurückzuführen sein.

Noch interessanter sind aber die Hinweise, die 1978 für die Existenz eines Schwarzen Loches mit einer Masse von rund $5 \cdot 10^9\, M_\odot$ im Zentrum der Galaxie M87 gefunden wurden. Die elliptische Galaxie M87 stand schon lange im Zentrum des astronomischen Interesses, da diese aktive Radioquelle relativ nahe liegt und ein Strahl leuchtenden Materials von ihr ausgeht, der polarisiertes Licht aussendet.

Eine photometrische Untersuchung von M87 ergab einen starken Anstieg der Sternendichte in einer Umgebung von vier Lichtjahren rund um das Zentrum dieser Galaxie. Aber auch noch in 100mal größerer Entfernung stimmt die Sternendichte nicht mit den üblichen Dichteverteilungen überein. Das intensive Gravitationsfeld eines Schwarzen Lochs könnte auch hier eine Erklärung der Beobachtungen liefern.

Diese Interpretation wird noch durch eine andere Messung bestärkt. Aus der Verbreiterung der Spektrallinien von Sternen, die sich in der unmittelbaren Umgebung des Zentrums von M87 befinden, kann man die Geschwindigkeitsverteilung dieser Sterne bestimmen. Aus der Beziehung

$$\frac{v^2}{2} \approx \frac{MG}{R} \tag{7.22}$$

läßt sich daraus die Massenverteilung innerhalb eines gegebenen Radius um das galaktische Zentrum ermitteln. Ein Vergleich mit der photometrisch bestimmten Leuchtkraft zeigte, daß die Masse im Zentralbereich von M87 rund zehnmal höher ist, als man es aus der gesamten Leuchtkraft der dort vorhandenen Sterne erwarten würde. Dies ist ein weiterer starker Hinweis auf die Existenz eines großen, dunklen Objekts im Zentrum von M87. Aus diesen Daten und der beobachteten Helligkeitsverteilung kann man auch die Masse des dunklen Zentralobjekts bestimmen, wobei sich $5 \cdot 10^9 M_\odot$ ergibt.

Die spektroskopischen und photometrischen Daten weisen also auf die Existenz eines riesigen Schwarzen Loches mit einer Masse von rund 5 Milliarden Sonnenmassen im Zentrum von M87 hin. Falls sich diese Beobachtung bestätigt, könnte sich hier eine weitere grundlegende Vision unseres astronomischen Weltbilds anbahnen. Es ist nicht klar, wie ein derartig riesiges Schwarzes Loch im Zentrum einer Galaxis entstehen kann. Die Existenz eines Schwarzen Lochs würde aber außer den oben diskutierten Beobachtungsdaten auch die intensive Röntgenstrahlung erklären ($5 \cdot 10^{35}$ W), die von M87 ausgeht. Sie könnte durch einen ähnlichen Mechanismus verursacht sein, wie wir ihn bereits bei Cygnus X1 kennengelernt haben.

8. Gravitationswellen

Gravitationswellen sind kleine Schwingungen der Raum-Zeit, die sich mit Lichtgeschwindigkeit ausbreiten. Sie wurden von *Albert Einstein* aufgrund der allgemeinen Relativitätstheorie 1920 theoretisch vorhergesagt. Er hielt jedoch ihre Messung für praktisch unmöglich, da alle erdenklichen Laborexperimente zu unmeßbar kleinen Effekten führten. In den Jahren 1920–1960 wurden daher zwar zahlreiche theoretische Spekulationen über Gravitationswellen veröffentlicht, ihre Messung jedoch nicht ernstlich versucht.

1960 begann Prof. *Joseph Weber* (University of Maryland) seine anfänglich als aussichtslos geltenden Experimente mit dem Ziel, Gravitationswellen zu messen, die eventuell von Quellen innerhalb unserer Milchstraße ausgehen könnten. Um diese Experimente richtig einschätzen zu können, müssen wir zunächst auf ihre theoretische Grundlage eingehen.

8.1. Die Aussendung von Gravitationswellen

Um Gravitationswellen zu beobachten, müssen wir wie bei elektromagnetischen Schwingungen die Bedingungen ihrer Entstehung und ihres Empfanges studieren.

Dabei können wir uns weitgehend von der Analogie mit der Elektrodynamik leiten lassen. Grundlegend ist dort die Tatsache:

Beschleunigte Ladungen strahlen elektromagnetische Wellen ab, wobei pro Zeiteinheit die Energie

$$P = \frac{2}{3c^3} \sum_{\alpha=1}^{3} \ddot{p}_\alpha^2 \qquad (8.1)$$

abgestrahlt wird (Strahlungsleistung).

Dabei ist

$$p_\alpha = \int d^3x \rho(x, t) x_\alpha \quad (\alpha = 1, 2, 3) \qquad (8.2)$$

das Dipolmoment der Ladungsverteilung und $\rho(x, t)$ die Ladungsdichte. Zeitableitungen sind in Gl. (8.1) wie üblich durch Punkte bezeichnet.

Beispiele für die Anwendung obiger Formel sind Radiosender; die Bremsstrahlung (beim Abbremsen von Elektronen geeigneter Energie wird Röntgenstrahlung erzeugt); Synchrotronstrahlung (von Teilchen emittiert, die sich auf Kreisbahnen im Magnetfeld bewegen). Die Formel (8.1) und ihre Verallgemeinerungen (quantenmechanisch zur Berechnung der diskreten und kontinuierlichen Spektra der Atome, klassisch für kompliziertere Ladungs- und Antennenanordnungen) bilden die Grundlage der Theorie aller elektromagnetischen Strahlungsvorgänge.

Analog erhält man aus den Grundgleichungen der allgemeinen Relativitätstheorie das Resultat:

Beschleunigte Massen strahlen Gravitationswellen ab, wobei pro Zeiteinheit die Energie

$$P = \frac{G}{5c^5} \sum_{\alpha, \beta=1}^{3} \dddot{Q}_{\alpha\beta}^2 \qquad (8.3)$$

abgestrahlt wird (P = Strahlungsleistung).

Dabei ist

$$Q_{\alpha\beta}(t) = \int \rho(x, t) \left(x_\alpha x_\beta - \tfrac{1}{3} \delta_{\alpha\beta} r^2\right) d^3x \qquad (8.4)$$

das Quadrupolmoment der Massenverteilung und $\rho(x, t)$ die Massendichte; $\delta_{\alpha\beta}$ ist das Kronecker-Symbol ($\delta_{\alpha\beta} = 1$ für $\alpha = \beta$, $\delta_{\alpha\beta} = 0$ für $\alpha \neq \beta$).

Das Quadrupolmoment einer Massenverteilung gibt die Abweichung der Masse von der Kugelform ab. Für kugelförmige Massen verschwindet $Q_{\alpha\beta}$, und derartige Massenverteilungen strahlen keine Gravitationswellen ab.

Wir werden nun *die Größenordnung der von periodisch bewegten Systemen* (z. B. Erd-Sonnensystem) *emittierter Gravitationswellen abschätzen,* wobei numerische Faktoren vernachlässigt werden sollen. Wegen der periodischen Zeitabhängigkeit $\propto \sin \omega t$ führt jede Zeitableitung zu einem Faktor ω, so daß

$$P \approx \frac{G}{c^5}\, \omega^6\, \Sigma\, Q_{\alpha\beta}^2 \tag{8.5}$$

wird. Nach Gl. (8.4) ist $Q_{\alpha\beta}$ etwa für das Erd-Sonnensystem von der Größenordnung

$$Q_{\alpha\beta} \approx mr^2\,, \tag{8.6}$$

wobei m die Masse der Erde und r der Abstand Erde-Sonne ist. (Da die Sonne im Ursprung des Koordinatensystems ruht, trägt ihre Masse nicht zum Quadrupolmoment bei.)

Setzen wir Gl. (8.6) in Gl. (8.5), so wird

$$P \approx \frac{G}{c^5}\, \omega^6\, m^2 r^4\,. \tag{8.7}$$

Diese Formel kann auch zur Abschätzung der von anderen periodisch bewegten Systemen (rotierenden Stäben usw.) emittierten Gravitationswellen herangezogen werden. Der kleine Faktor G/c^5, der in Gl. (8.7) enthalten ist, läßt bereits ahnen, daß in Laborexperimenten keine nennenswerte Emission von Gravitationswellen stattfindet (siehe Übungsaufgaben).

Um einen allgemeinen Überblick über die Strahlungsleistung verschiedener astronomischer Objekte zu bekommen, wollen wir Gl. (8.7) noch etwas umformen.

Setzen wir zunächst $\omega = 2\pi/T$, wobei T die Umlaufszeit des Systems ist. Dann wird

$$P \approx \frac{G}{c^5}\left(\frac{2\pi}{T}\right)^6 m^2 r^4 = \frac{G}{c^5}\left(\frac{2\pi r}{T}\right)^6 \frac{m^2}{r^2}\,. \tag{8.8}$$

Da $2\pi r$ der Umfang der Bahn (z. B. Erdbahn) ist, ist $v = 2\pi r/T$ die Geschwindigkeit der Bahnbewegung. Für Kreisbahnen im Gravitationsfeld gilt aber die bereits früher benützte Gleichgewichtsbedingung

$$v^2 = \frac{MG}{r}\,, \tag{8.9}$$

wobei M die Masse des Zentralkörpers (z. B. Sonne) ist. Setzen wir dies in Gl. (8.8) ein, so folgt für die Strahlungsleistung

$$\begin{aligned} P &\approx \frac{G}{c^5}\, v^6\, \frac{m^2}{r^2} = \frac{G}{c^5}\left(\frac{MG}{r}\right)^3 \frac{m^2}{r^2} \\ P &\approx \frac{c^5}{G}\left(\frac{MG}{rc^2}\right)^3 \left(\frac{mG}{rc^2}\right)^2. \end{aligned} \tag{8.10}$$

$\mathcal{R}_1 = 2MG/c^2$ und $\mathcal{R}_2 = 2mG/c^2$ sind die Schwarzschildradien der beiden Massen, so daß wir als Endresultat

$$\boxed{P \approx \frac{c^5}{G}\left(\frac{\mathcal{R}_1}{r}\right)^3\left(\frac{\mathcal{R}_2}{r}\right)^2} \tag{8.11}$$

erhalten. Da die beiden Klammerausdrücke in Gl. (8.11) dimensionslos sind, muß c^5/G die Dimension einer Leistung haben:

$$\frac{c^5}{G} \approx 10^{52}\,\text{Watt}. \tag{8.12}$$

Verglichen mit der Leuchtkraft der Sonne (10^{26} Watt) ist dies eine ungeheure Strahlungsleistung, die allerdings nur von Systemen mit $\mathcal{R}_1 \approx \mathcal{R}_2 \approx r$ abgestrahlt werden könnte. Derartige Systeme sind etwa zwei Neutronensterne, die einander umkreisen, oder ein Neutronenstern (Pulsar), der infolge einer Asymmetrie des Kollapses nicht die ideale Kugelgestalt hat. Bei der *Entstehung von Neutronensternen oder auch Schwarzen Löchern können Gravitationswellen höchster Intensität emittiert werden*. Allerdings kann die enorme Energieemission (Gl. (8.12)) nur *Bruchteile einer Sekunde* aufrechterhalten werden.

Die zu erwartenden *Wellenlängen der Gravitationsstrahlung* kann man aus den charakteristischen Größen des betrachteten Systems ablesen: Schwarzschildradien bzw. Radien von Neutronensternen sind von der Größenordnung von einigen Kilometern, die zu erwartenden Wellenlängen also etwa

$$\lambda = 10\,\text{km}\,\frac{c}{v} \approx 100\,\text{km}, \tag{8.13}$$

da die entscheidende Endphase des Kollaps mit $v \approx c/10$ vor sich geht. Die entsprechenden Frequenzen errechnen sich aus $\lambda\nu = c$ zu

$$\nu \approx 3000\,\text{Hz}. \tag{8.14}$$

Die Suche nach Gravitationswellen wurde aufgrund dieser Überlegungen zunächst im Kilohertz-Bereich aufgenommen.

Aufgaben

29. Erzeugung von Gravitationswellen

Berechnen Sie mit Hilfe von Gl. (8.7) die Gravitationsstrahlung, die von typischen Versuchsanordnungen (rotierenden Stäben usw.) im Labor ausgeht. Nach welcher Zeit verlieren diese Körper einen merklichen Bruchteil ihrer Energie durch Strahlung?

30. Gravitationswellen im Sonnensystem

Berechnen Sie die Energie, die von der Erde auf ihrer Bahn um die Sonne in Form von Gravitationswellen abgestrahlt wird; ebenso für den Mond auf der Bahn um die Erde. Nach welcher Zeit haben diese Körper 1 % der kinetischen Energie ihrer Bahnbewegung abgestrahlt?

8.2. Die Messung von Gravitationswellen

Da Gravitationswellen nennenswerter Intensität nur von Systemen ausgesandt werden, die nahe an ihren Schwarzschildradien sind (also Neutronensternen und Schwarzen Löchern), ist es nicht möglich, eine Sender-Empfänger-Anordnung im Labor aufzubauen. Der Versuch, Gravitationswellen zu entdecken, muß sich darauf beschränken, die von astronomischen Objekten emittierte Strahlung im Labor zu registrieren. Die Frequenz der zu erwartenden Signale ist dabei durch Gl. (8.14) gegeben, falls kollabierende Sterne von etwa Sonnenmasse die Wellen hervorrufen. Als Signaldauer erwartet man Bruchteile einer Sekunde.

Weber begann 1960 mit der Konstruktion eines Gravitationswellenempfängers, der auf eine Frequenz von 1660 Hz anspricht. Im Prinzip ist diese Aufgabe sehr einfach.

So wie jede schwingungsfähige Anordnung von elektrischen Ladungen zum Empfang von elektromagnetischen Wellen benützt werden kann, so *kann jede schwingungsfähige Anordnung von Massen als Gravitationswellenempfänger dienen.*

In jedem Fall ist es wesentlich, *Resonanzphänomene* auszunützen, um zu empfindlichen Detektoren zu gelangen.

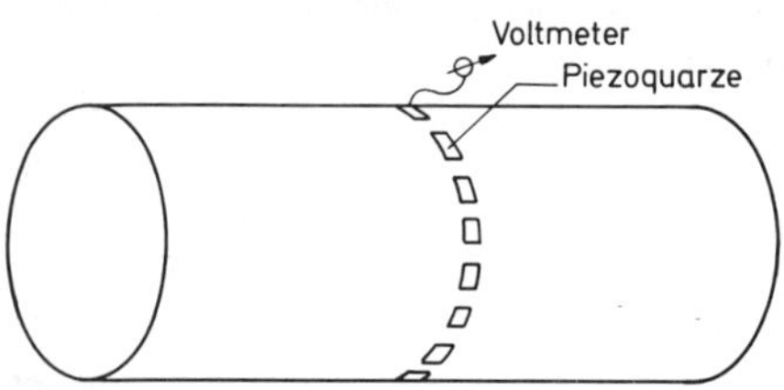

Bild 59
Der Webersche Detektor

Weber verwendet in seiner Versuchsanordnung – die in den letzten Jahren von rund einem Dutzend anderen Forschungsteams mit verschiedenen Änderungen nachgebaut wurde – einen zylindrischen Detektor (Bild 59) von 153 cm Länge und 50 cm Durchmesser. Der Zylinder besteht aus Aluminium, sein Gewicht beträgt etwa 1 Tonne. Wenn eine Gravitationswelle ungefähr senkrecht zur Zylinderachse einfällt, so beginnt die Masse zu schwingen, wobei die Resonanzfrequenz des Detektors bei 1660 Hz liegt. Die Bandbreite ist äußerst gering, nur 0,03 Hz, so daß der Detektor nur ein sehr schmales Frequenzband aus der einfallenden Strahlung ausblendet.

Der Empfänger spricht an, falls innerhalb dieser Bandbreite mindestens 10 W/m^2 an Gravitationswellen einfallen. Die Amplitude der Schwingung des Zylinders beträgt dann 10^{-16} m!

Es war die große experimentelle Leistung Webers, eine derart kleine Schwingung experimentell nachzuweisen. Dazu verwendet *Weber* piezoelektrische Quarze, die auf dem Umfang des Zylinders befestigt sind (Bild 59). Die Schwingungen des Zylinders geben zu elektrischen Spannungen in den Quarzen Anlaß, die gemessen werden können. Die Schranke der Empfindlichkeit wird dabei durch das *thermische Rauschen* gebildet. Die Empfindlichkeit zukünftiger Detektoren soll daher vor allem durch Übergang zum Tieftemperaturbereich gesteigert werden, wie auch der folgende Überblick zeigen wird.

8.3. Erwartungen und Ergebnisse

Weber hat mehrere der oben beschriebenen Detektoren in Washington und Chicago aufgestellt, also in einer Entfernung von 2000 km voneinander. Meist beobachtete er auf den Registrierstreifen dieser Geräte nur thermisches Rauschen, doch manchmal sprachen die Geräte an beiden Orten gleichzeitig an (Koinzidenzen). Bei Messungen in den Jahren 1973 und 1974 wurden pro Tag in unregelmäßigen Abständen oft mehrere Koinzidenzen beobachtet, wobei die Dauer der Signale weniger als eine Sekunde beträgt. Diese Messungen riefen größtes Aufsehen hervor, besonders nach dem Weber Anhaltspunkte dafür vorlegte, daß die von ihm beobachteten Signale aus dem Zentrum der Galaxis stammen. Um die Detektoren anzuregen, ist nämlich ein Energiefluß von etwa 10 J/m^2 innerhalb der Bandbreite der Empfänger erforderlich. Da man nicht annehmen kann, daß die Wellen nur auf das schmale Band konzentriert sind, in dem Weber mißt (1660 ± 0,003 Hz), müßte der Energiefluß – integriert über alle Wellenlängen – etwa 10^6 J/m^2 betragen (dabei gehen wir von der Annahme aus, daß die Gravitationswellen über einen Frequenzbereich von einigen 1000 Hertz verteilt sind). Würde eine derartige Strahlung vom Zentrum der Milchstraße annähernd gleichmäßig in alle Raumrichtungen emittiert werden, so folgt für die gesamte Energie E, die vom Zentrum der Milchstraße pro Ereignis ausgestrahlt werden müßte ($A = 2 \cdot 10^{20}$ m ist der Abstand der Erde vom Zentrum der Milchstraße)

$$E = 4\pi A^2 \cdot 10^2 \text{ J/m}^2 \approx 10^{47} \text{ J}.$$

Diese Energie entspricht einer Masse $E/c^2 \approx 10\, M_\odot$! Da die ersten Experimente auf einige 100 Ereignisse pro Jahr hinwiesen (und viele andere Ereignisse wegen ungünstiger Detektorstellung, statistischer Effekte usw. unbeobachtet blieben), würde daraus ein jährlicher Massenverlust unserer Galaxis von $\approx 10^5\, M_\odot$ folgen.

Dieses Ergebnis schien völlig unglaublich, da die Milchstraße sich dadurch innerhalb der (astrophysikalisch gesehen kurzen) Zeit von einer Million Jahre vollständig in Gravitationsenergie umwandeln müßte.

Die Aufsehen erregenden Messungen von Weber und ihr geradezu unglaubliches Ergebnis wurden auf zahlreichen Konferenzen diskutiert. Dabei zeigte sich, daß die von Weber gewählte Datenauswertung nicht optimal war und keine eindeutige Überprüfung der Ergebnisse erlaubte. Zahlreiche andere Gravitationswellenantennen wurden in aller Welt gebaut, wobei verschiedene Verbesserungen gegenüber der ersten Antennengeneration angebracht wurden. Die bisherigen Messungen führten nicht zu einer Bestätigung der Weberschen Ergebnisse. Keine der anderen Gruppen fand irgendwelche Hinweise für das Auftreten von Gravitationswellen mit der von Weber angegebenen Intensität und Häufigkeit.

Die von Weber zunächst vorgelegten Ergebnisse haben sich also nicht bestätigen lassen. Seine Pionierarbeit hat aber zur Entwicklung von Gravitationswellenantennen geführt, deren Empfindlichkeit laufend weiter verbessert wird. Die nächste Antennengeneration wird bei einer Temperatur von rund 4 K arbeiten und eine 1000 bis 100 000-fach höhere Empfindlichkeit für Gravitationswellen aufweisen. Langfristig gesehen hofft man sogar durch Antennen mit einer Temperatur von $3 \cdot 10^{-3}$ K die Meßgrenze für Gravitationswellen gegenüber den ersten Antennen von Weber um das Milliardenfache zu steigern. Mit derartigen Antennen wäre es möglich, Gravitationswellen aus dem sehr reichen Virgo-Haufen von Galaxien zu empfangen. Theoretische Abschätzungen lassen erwarten, daß die aus Sternenzusammenbrüchen in diesen Galaxienhaufen stammenden Gravitationswellen zu einigen beobachtbaren Ereignissen im Jahr führen sollten.

Abgesehen von den Detektortypen, die auf Abwandlungen des von Weber ersonnenen Antennentyps beruhen, ist derzeit noch ein weiterer Empfänger für Gravitationswellen in Entwicklung. Er besteht im wesentlichen aus einem Michelson-Interferometer, mit dem die durch Gravitationswellen hervorgerufenen Veränderungen des Abstandes zweier Punkte gemessen werden sollen. Dieser Empfängertyp erlaubt eine besonders direkte Bestimmung der geometrischen Eigenschaften der Raum-Zeit und ihrer Veränderungen durch Gravitationswellen. Um die erforderliche Empfindlichkeit des Interferometers zu erreichen, wird es allerdings notwendig sein, eine Anordnung mit einer Größe von einigen Kilometern im Weltraum zu konstruieren.

Während die Experimente zum direkten Nachweis von Gravitationswellen also bis heute noch zu keinen schlüssigen Ergebnissen geführt haben, gelang im Jahre 1978 ein indirekter Beweis für die Existenz dieser Wellen.

Der bereits 1975 entdeckte Pulsar PSR 1913 + 16 erwies sich nämlich als Teil eines Doppelsternsystems. Mit einer Periode von 0,32 Tagen kreist der Pulsar um einen unsichtbaren Begleitstern, der ebenfalls ein Neutronenstern oder ein Weißer Zwerg sein muß. Die Aussendung von Gravitationswellen durch das Doppelsternsystem bedingt einen Energieverlust, der die beiden Sterne immer rascher umeinander kreisen läßt. Im Jahre 1987 gelang J. H. Taylor und seinen Mitarbeitern an der University of Massachusetts die Messung der entsprechenden Abnahme der Bahnperiode. Sie beträgt rund 10^{-4} s pro Jahr und stimmt mit den Vorhersagen der Relativitätstheorie überein (Bild 60).

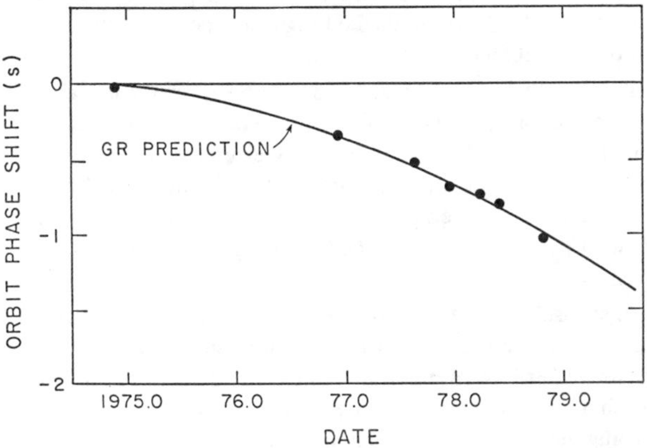

Bild 60. Die Abnahme der Bahnperiode des Pulsars PSR 1913 + 16 stimmt mit der Vorhersage der Relativitätstheorie überein.

Damit ist zumindest ein indirekter Nachweis für die Existenz von Gravitationswellen gelungen. Allerdings handelt es sich nicht um eine präzise Überprüfung der Vorhersagen der allgemeinen Relativitätstheorie. Zur exakten Berechnung des Energieverlustes des Systems wäre nämlich eine genaue Kenntnis der Massen der beiden Sterne und der Bahndaten erforderlich. Plausible Annahmen über diese Daten führen aber zu Vorhersagen die innerhalb eines Faktors drei mit den Meßergebnissen übereinstimmen. Diese Übereinstimmung läßt es auch unwahrscheinlich erscheinen, daß andere Effekte als Gravitationswellen zur Erklärung des beobachteten Energieverlustes heranzuziehen wären.

9. Kosmologie

Die Frage nach Struktur, Ursprung und Ziel des Universums hat die Menschheit seit jeher beschäftigt. Schon die babylonische und griechische Philosophie und Astronomie haben versucht, Antworten auf diese Grundfragen zu finden.

Auch in der europäischen Geistesgeschichte spielte das Problem der Struktur des Weltalls eine bedeutende Rolle. Den wichtigsten Schritt in der historischen Entwicklung bildet dabei die „Kopernikanische Revolution", die das Ende der Vorstellung von der Erde als Zentrum des Universums bedeutete. Später folgte die Erkenntnis, daß auch die Sonne nur ein Stern unter vielen ist, und im 19. Jahrhundert ließen die Fortschritte der Astronomie die Frage nach der Struktur des Universums konkrete Form annehmen.

Ist das Universum im wesentlichen mit unserer Milchstraße zu identifizieren, die einsam als „Welteninsel" im unendlichen Kosmos schwebt? Ober sind die nebelartigen Gebilde am Himmel Milchstraßen wie unsere eigene, und der Bereich der Sterne erstreckt sich bis ins Unendliche? Erst um 1920 erlaubte es die Entwicklung großer Fernrohre, diese Frage empirisch zu entscheiden und zu zeigen, daß auch die Milchstraße nur eine von zahllosen Galaxien ist, deren jede etwa 100 Milliarden Sterne enthält.

Dieses Resultat des historischen Erkenntnisprozesses bildet in der Form des kosmologischen Prinzips die Grundlage der relativistischen Kosmologie, die einer der faszinierendsten Beiträge der Physik zur Geistesgeschichte des 20. Jahrhunderts ist. Hier haben sich durch die Erkenntnis, daß der Raum eine dynamische, veränderliche Größe ist, völlig neue Denkmöglichkeiten aufgetan.

9.1. Das kosmologische Prinzip

Versucht man, das Weltall als ganzes zu studieren, so ist es notwendig, von Details abzusehen, die das Bild verwirren würden. Um zu einer überschaubaren Theorie zu gelangen, muß man die Strukturen, die das Universum erfüllen, durch ein möglichst einfaches Modell nähern. Am einfachsten ist es, die Materie durch ein Gas räumlich konstanter Dichte zu beschreiben.

Zwar ist die Materie im Universum in Sternen, die wieder zu Galaxien zusammengefaßt sind, enthalten. Wenn man jedoch über Regionen mittelt, die groß gegenüber dem Abstand von Galaxien sind, so erhält man ein Gas einheitlicher Dichte. Es zeigt sich, daß diese Dichte im ganzen unserer Beobachtung zugänglichen Weltall etwa konstant ist (homogenes Universum) und nicht von der Richtung abhängt, in der wir beobachten (isotropes Universum). Dies legt die Vermutung nahe, daß jeder Punkt im Weltall jedem anderen Punkt gleichwertig ist. Diese Vermutung wird im *kosmologischen Prinzip* formuliert, das der relativistischen Kosmologie zugrundeliegt.

Die Erde hat keinen privilegierten Platz im Weltall; das Weltall bietet von jeder Stelle aus den gleichen Anblick.

Diese einfache Annahme liegt allen kosmologischen Modellen zugrunde. Wir wollen davon ausgehend zunächst die Modelle der Kosmologie in Newtonscher Näherung aufstellen und dann später die von der allgemeinen Relativitätstheorie geforderten Abänderungen dieser Modelle besprechen.

Aufgaben

31. Kosmologisches Prinzip

Überlegen Sie, ob und in welcher Form das kosmologische Prinzip experimentell überprüft werden könnte. Welche Schwierigkeiten werden sich dabei ergeben?

32. Extraterrestrisches Leben

Bereits bei der Diskussion der Pulsare wurde die Möglichkeit erwähnt, daß Signale anderer Zivilisationen die Erde erreichen. Legt das kosmologische Prinzip auch nahe, daß auf anderen Sternen bzw. deren Planetensystemen Leben existiert, oder halten Sie dies für eine zu weitreichende Extrapolation? Welche Fachwissenschaften müssen zur Beantwortung der Fragen nach extraterrestrischem Leben zusammenarbeiten und welche Teilprobleme sind zu klären? Wissen Sie, wo Sie sich über diese Probleme informieren können und ob praktische Forschungsarbeit in dieser Richtung geleistet wird?

9.2. Das unendliche, homogene und statische Universum

Das kosmologische Prinzip legt die Vorstellung eines unendlich ausgedehnten, homogen und statisch mit Sternen erfüllten Universums nahe. Diese Vorstellung führt zu Widersprüchen, die bereits um 1800 als Argument gegen ein unendliches und ewiges Weltall formuliert wurden. Woher sollte die Energie stammen, um die Strahlung der Sterne unendlich lange aufrecht zu erhalten? Auch ergibt sich aus der Unendlichkeit des Weltalls ein tagheller Nachthimmel (*Olberssches Paradoxon*, Bild 61).

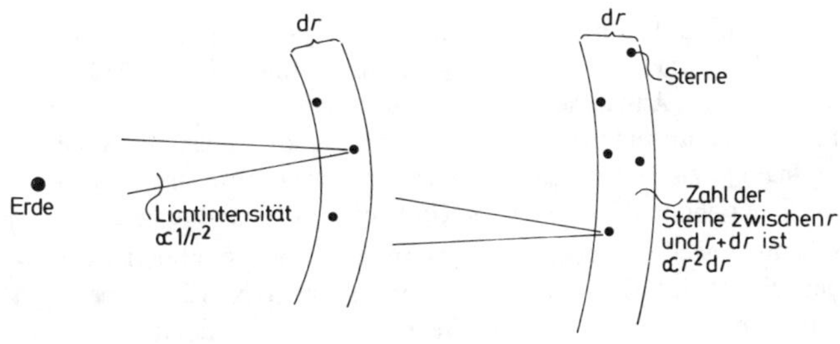

Bild 61. Zum Olbersschen Paradoxon

Die Lichtintensität, die die Erde von einem Stern erreicht, nimmt proportional zu $1/r^2$ ab. Da die Zahl der Sterne in der Kugelschale zwischen r und $r + \mathrm{d}r$ jedoch wie $r^2\,\mathrm{d}r$ ansteigt, tragen die Sterne dieser Kugelschale zur Helligkeit des Nachthimmels proportional zu $(1/r^2)r^2\,\mathrm{d}r = \mathrm{d}r$ bei. Integration über alle r vom nächsten Stern (r_0) bis $r = \infty$ liefert

$$\int_{r_0}^{\infty} \mathrm{d}r = \infty.$$

Die Gesamthelligkeit des Sternenhimmels wäre demnach sogar unendlich! Dieser Schluß ist allerdings auch theoretisch unrichtig, da die nähergelegenen Sterne das Licht der entfernteren abschirmen. Der korrekte Schluß ist, daß ein unendliches und ewiges Universum im thermischen Gleichgewicht sein müßte und alle Körper die gleiche Temperatur annehmen: Die Erde wäre durch die einfallende Strahlung auf tausende Grad erhitzt und würde in den Himmel, der den Unterschied zwischen Tag und Nacht nicht kennt, ebensoviel abstrahlen, wie sie an Strahlung empfängt. (Diesem „Wärmetod" des statischen, unendlichen Universums steht der „Kältetod" der „Welteninsel" gegenüber. Die einsame Galaxis im unendlichen Weltraum strahlt ständig Energie ab und kühlt dabei aus.)

Die Argumente gegen das statische, unendliche Universum können noch durch Stabilitätsbetrachtungen ergänzt werden: Bei der kleinsten Störung explodiert eine derartige Welt, oder sie fällt in sich zusammen.

Aufgabe 33. Zum Olbersschen Paradoxon

Wäre das Olberssche Paradoxon auch ein Argument gegen das unendliche, homogene Weltall, wenn man annimmt, daß alle Sterne erst vor einigen Milliarden Jahren zu leuchten begonnen haben?

9.3. Kinematik des Universums: Hubble-Gesetz und Welthorizont

Unseren ersten Versuch, ein Modell des Universums zu konstruieren, müssen wir als gescheitert betrachten. Das statische, homogene Universum ist kein mögliches Weltmodell. Welche unserer Annahmen haben wir abzuändern? Heute erscheint es klar, daß ein statisches, unveränderliches Universum unmöglich ist. Das Sonnensystem kann in seinem jetzigen Zustand nur einige Milliarden Jahre lang existiert haben, die Lebensdauer anderer Sterne ist von ähnlicher Größenordnung.

Unserer Anschauung nach ist jedoch der Fixsternhimmel ein Symbol der Unveränderlichkeit, der „Ewigkeit". Es war daher ein wissenschaftsgeschichtlich sehr schwieriger Schritt, (der von *Darwin* auf dem Gebiet der Biologie bereits früher vollzogen worden war), die „Evolution des Universums" zu erkennen.

Entscheidend war die Entdeckung der Expansion des Universums durch *E. Hubble* im Jahre 1929. Die von *Hubble* gemessene Rotverschiebung der Spektrallinien zeigte, daß sich entfernte Galaxien mit einer Geschwindigkeit $\mathbf{v}$ von uns wegbewegen, die proportional zu ihrer Entfernung $\mathbf{x}$ von der Erde ist:

$$v(t) = H(t)\mathbf{x}(t). \tag{9.1}$$

Dieser Effekt ist in Bild 62 illustriert. Die Abhängigkeit des Proportionalitätsfaktors $H(t)$ von der Zeit t ermöglicht es, die Änderung der Expansion des Universums im Laufe der Zeit zu berücksichtigen, wobei wir die entsprechenden Gesetze noch abzuleiten haben.

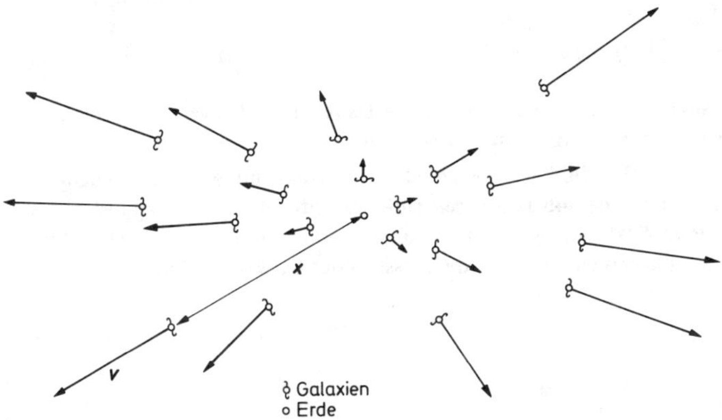

Bild 62. Das Hubblesche Expansionsgesetz

Das Hubble-Gesetz (9.1) erweckt zunächst den Eindruck, die Erde stünde im Mittelpunkt des Weltalls, da sich alle Galaxien von uns entfernen. Man kann allerdings leicht zeigen, daß jeder beliebige Stern bei Vorliegen eines Expansionsgesetzes (9.1) den scheinbaren Mittelpunkt der Expansion (Explosion) bildet. Setzen wir

$$\mathbf{x}(t) = \mathbf{y}(t) + \mathbf{X}(t), \tag{9.2}$$

wobei $\mathbf{X}(t)$ die Koordinate einer beliebig herausgegriffenen Galaxis ist, die sich mit der Geschwindigkeit

$$\mathbf{V}(t) = H(t)\,\mathbf{X}(t) \tag{9.3}$$

von uns wegbewegt. Dann gilt für die Geschwindigkeit

$$\mathbf{v}'(t) = \mathbf{v}(t) - \mathbf{V}(t) \tag{9.4}$$

der Expansion in bezug auf diese beliebige Galaxis ebenfalls ein Gesetz der Form (9.1):

$$\boldsymbol{v}'(t) = H(t)\,\boldsymbol{y}(t), \tag{9.5}$$

wie man sofort durch Einsetzen sieht. Jede beliebige Galaxis kann sich also als Mittelpunkt der Expansion des Universums betrachten. Daher erfüllt ein Expansionsgesetz der Form (9.1) das kosmologische Prinzip. Von der in Gl. (9.1) auftretenden Funktion $H(t)$ ist allerdings nur ihr Wert zur jetzigen Zeit t_0, die *Hubble-Konstante* $H(t_0) = H_0$, bekannt. Nach Gl. (9.1) hat H_0 die Dimension einer inversen Zeit. Messungen der Rotverschiebung der Spektrallinien entfernter Galaxien ergeben für H_0 den Wert

$$H_0^{-1} = 2 \cdot 10^{10}\,\text{Jahre} = 6 \cdot 10^{17}\,\text{s}. \tag{9.6}$$

Dieser Wert ist zugleich eine obere Grenze für das Alter des Universums, wie das Studium der Dynamik der Expansion zeigen wird.

Der Bestimmung der Hubble-Konstante kommt daher fundamentale Bedeutung zu. Tatsächlich sind in den 45 Jahren seit Hubbles Entdeckung der Expansion des Universums große Anstrengungen unternommen worden, um zu verläßlichen Aussagen über H_0 zu kommen. Dabei ist die Messung der Rotverschiebung und damit

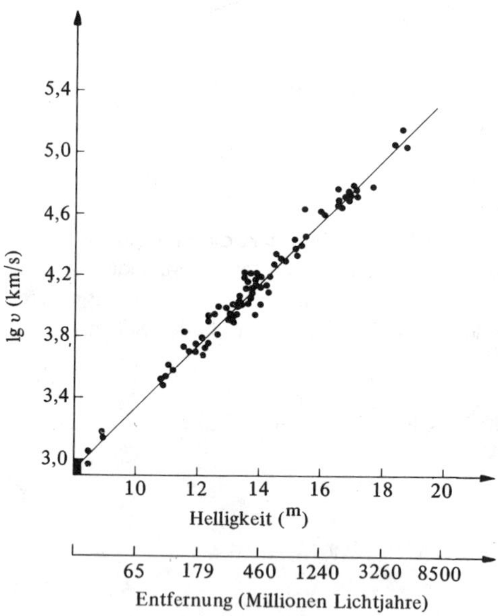

Bild 63. Die Rotverschiebungs-Entfernungsrelation nach *Sandage* (1972). Als Ordinate ist der Logarithmus der Fluchtgeschwindigkeit, als Abszisse die scheinbare Helligkeit (m = Magnitudo) der hellsten Galaxien von 84 Haufen bzw. deren Abstand von der Erde angegeben.

der Geschwindigkeit (wahrscheinlich) nicht problematisch, sondern vor allem die Entfernungsbestimmung, die in Gl. (9.1) eingeht.

Bild 63 zeigt die von *Sandage* 1972 angegebenen Daten. Im Bild sind die Rotverschiebungen derjenigen Galaxien aufgetragen, die die jeweils hellsten in 84 Haufen von Galaxien sind. Falls die hellste Galaxis jedes Haufens etwa die gleiche absolute Helligkeit hat, die aus der Beobachtung der uns benachbarten Galaxienhaufen bestimmt werden kann, so kann man aus der scheinbaren Helligkeit der Galaxis auf die Entfernung schließen und so die Hubble-Konstante bestimmen. Die Ermittlung von Entfernungen im Kosmos gehört damit zu den wichtigsten, aber auch kompliziertesten Aufgaben der Kosmologie.

Hier wollen wir abschließend einen anderen Aspekt des Hubble-Gesetzes besprechen, der weitreichende Konsequenzen für die Grundlagen und Möglichkeiten kosmologischer Forschung hat. Da die Geschwindigkeit, mit der sich Galaxien von uns wegbewegen, proportional zur Entfernung ist, muß es einen Abstand geben, an dem die Geschwindigkeit die Lichtgeschwindigkeit erreicht und sogar überschreitet. Dies ist der *Welthorizont* (Bild 64).

Der Welthorizont A ist nach Gl. (9.1) durch $c = HA$ ($A = |\boldsymbol{x}|$) gegeben oder

$$\boxed{A = \frac{c}{H} \approx 2 \cdot 10^{26}\,\text{m} \approx 2 \cdot 10^{10}\,\text{Lichtjahre}} \tag{9.7}$$

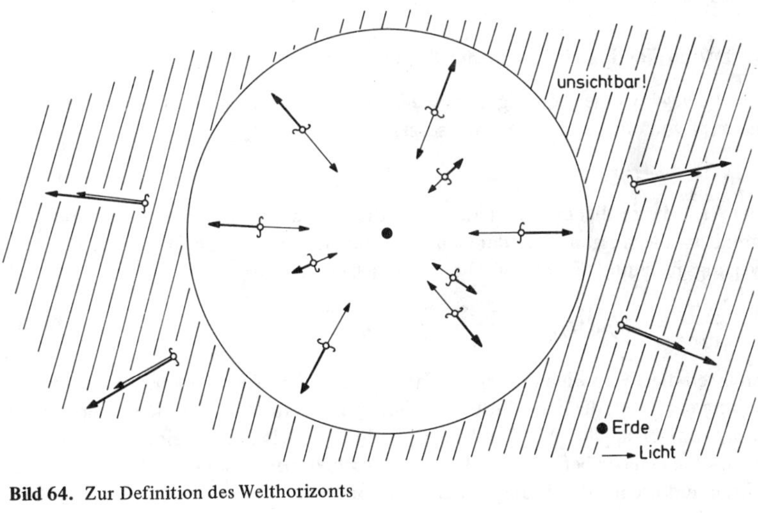

Bild 64. Zur Definition des Welthorizonts

Die Rotverschiebung steigt zum Welthorizont hin immer stärker an. Da jedes Photon wegen $E = h\nu = hc/\lambda$ durch die Rotverschiebung Energie verliert, kommt das Licht aus großer Entfernung immer mehr geschwächt an. Im Abstand A wird die Rotverschiebung sogar unendlich, die Energie, die uns von dort erreicht, folglich Null.

> Galaxien, die am Welthorizont oder weiter entfernt liegen, sind unsichtbar.

Die Situation ist diesbezüglich sehr ähnlich derjenigen, die wir bei der Physik Schwarzer Löcher kennengelernt haben. Auch dort ist ein Horizont aufgetreten, der Schwarzschildradius. Licht kann aus dem Inneren des Schwarzen Lochs nicht entweichen, da es wegen des starken Gravitationsfeldes stets wieder zurückfällt. Hier kann uns Licht aus dem Äußeren des Welthorizonts nicht erreichen, da die Expansion so schnell erfolgt, daß auch Licht dort „mitgerissen" wird. Daraus folgt:

> Selbst wenn das Weltall unendlich groß ist, kann nur ein Ausschnitt gesehen werden, der einige Milliarden Lichtjahre Durchmesser hat.

Aufgabe 34. Überlichtgeschwindigkeit und Relativitätstheorie

Wir haben festgestellt, daß Galaxien, die weiter als A von uns entfernt sind, sich mit Überlichtgeschwindigkeit wegbewegen. Wie ist diese Tatsache mit den Grundlagen der speziellen Relativitätstheorie in Einklang zu bringen?

9.4. Dynamik des Universums: Expansion und Urknall

Die Bewegung einer beliebig herausgegriffenen Galaxis wird durch ihren Abstand $\boldsymbol{x}(t)$ von uns beschrieben. Wir setzen

$$\boldsymbol{x}(t) = R(t)\boldsymbol{x}_0, \tag{9.8}$$

wobei $R(t)$ die zeitliche Veränderung des Abstands der Galaxis von uns angibt, während $\boldsymbol{x}_0$ die Ausgangslage der Galaxis zu irgendeiner beliebigen Zeit ist. Die Bewegungsgleichung für $R(t)$ wird nach Gl. (9.1)

$$\frac{\mathrm{d}R(t)}{\mathrm{d}t} = H(t)\,R(t). \tag{9.9}$$

Wir müssen diese rein kinematische Relation nun durch eine dynamische *Bewegungsgleichung* ergänzen, die den Einfluß der Gravitationskräfte auf die Bewegung entfernter Galaxien angibt. Wie Bild 65 zeigt, führt die zwischen der Erde und der betrachteten Galaxis befindliche Masse zur Beschleunigung der Galaxis in Richtung zur Erde und bremst damit die kosmische Expansion.

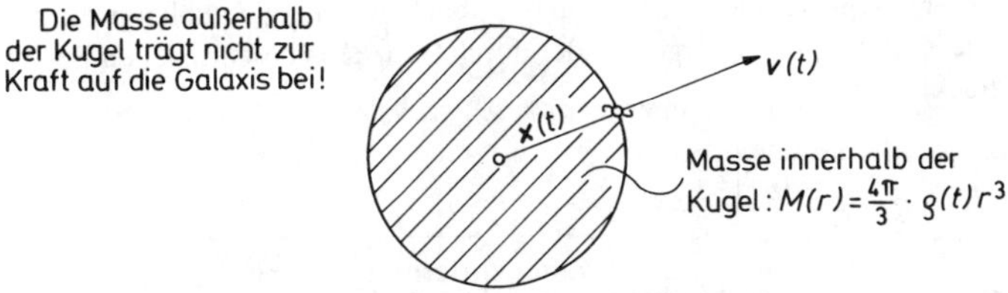

Bild 65. Zur Herleitung der Grundgleichung der Kosmologie

Die Bewegungsgleichung der herausgegriffenen Galaxis lautet daher

$$m \frac{d\boldsymbol{v}}{dt} = -m \frac{GM(r)}{r^2} \frac{\boldsymbol{x}}{r}, \tag{9.10}$$

wobei

$$M(r) = \frac{4\pi}{3} \rho(t) r^3, \qquad r = |\boldsymbol{x}|.$$

Setzen wir Gl. (9.1) bzw. Gl. (9.8) in Gl. (9.10) ein, so erhalten wir mit

$$\boldsymbol{v} = HR\boldsymbol{x}_0 = \frac{dR}{dt} \boldsymbol{x}_0 \tag{9.11}$$

die Bewegungsgleichung für $R(t)$

$$\boxed{\frac{d^2R}{dt^2} + \frac{4\pi}{3} G\rho(t)R = 0} \tag{9.12}$$

Gl. (9.12) enthält zwei unbekannte Funktionen, nämlich $R(t)$ und $\rho(t)$, die zu bestimmen sind. Die fehlende Gleichung wird durch die Erhaltung der Gesamtmasse gegeben. Das Gesetz der Massenerhaltung lautet

$$\rho(t) R^3(t) = \rho(t_0) R_0^3. \tag{9.13}$$

Setzt man dies in Gl. (9.12) ein, so ergibt sich

$$2 \frac{d^2R}{dt^2} + \frac{C}{R^2} = 0, \tag{9.14}$$

wobei

$$C = \frac{8\pi G}{3} \rho(t_0) R_0^3 \tag{9.15}$$

eine Konstante ist.

Aus der Bewegungsgleichung (9.14) kann wie üblich ein Energiesatz hergeleitet werden, der die Konstanz der Energie bei der durch Gl. (9.14) beschriebenen Bewegung ausdrückt:

$$\boxed{\left(\frac{\mathrm{d}R}{\mathrm{d}t}\right)^2 - \frac{C}{R} + k = 0} \tag{9.16}$$

Durch Differenzieren nach der Zeit kann man sich leicht überzeugen, daß aus Gl. (9.16) wieder Gl. (9.14) folgt. *Die Friedmann-Gleichung* (9.16) *ist die Grundgleichung der Newtonschen Kosmologie und gilt auch in der allgemeinen Relativitätstheorie unverändert.* In Gl. (9.16) ist k eine Integrationskonstante, die die Bedeutung einer negativen Energiedichte hat. Diese Integrationskonstante wird in der relativistischen Kosmologie eine völlig veränderte Bedeutung annehmen und mit der Krümmung des Raumes in Verbindung zu bringen sein. Die Differentialgleichung (9.16) läßt sich durch Separation der Variablen leicht lösen. Schreiben wir sie zunächst in der Form

$$\frac{\mathrm{d}R}{\mathrm{d}t} = \sqrt{\frac{C}{R} - k},$$

so folgt daraus sofort

$$\int_0^R \frac{\mathrm{d}R'}{\sqrt{C/R' - k}} = \int \mathrm{d}t = t. \tag{9.17}$$

Dieses Integral ist in jeder Integraltafel zu finden und hat für die verschiedenen Wertebereiche von k folgende Formen

$$\begin{aligned}
\frac{kt}{C} &= \frac{1}{2\sqrt{k}} \arccos\left(1 - 2\frac{kR}{C}\right) - \sqrt{\frac{R}{C} - \frac{kR^2}{C^2}} && k > 0 \\
\frac{t}{C} &= \frac{2}{3}\left(\frac{R}{C}\right)^{\frac{3}{2}} && k = 0 \\
\frac{|k|t}{C} &= \sqrt{\frac{R}{C} + |k|\left(\frac{R}{C}\right)^2} - \frac{1}{2\sqrt{|k|}} \arccos\left(\frac{2|k|R}{C} + 1\right) && k < 0.
\end{aligned} \tag{9.18}$$

Das Verhalten der Lösungen für die verschiedenen Werte von k ist in Bild 66 gezeigt. Während alle 3 Kurven für kleine Werte von R ein ähnliches Verhalten zeigen, beginnen sie sich später zu unterscheiden: Für $k > 0$ (negative Energie) nimmt der Abstand benachbarter Galaxien, der durch R gegeben ist, zunächst zu, um aber dann nach Erreichung eines maximalen Wertes wieder auf 0 abzusinken.

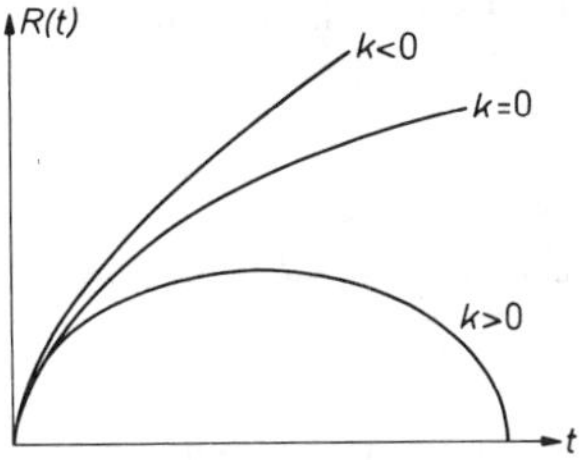

Bild 66
Expansion des Universums für verschiedene Werte von k

Dies bedeutet, daß die ursprüngliche Explosion (*Urknall*) nicht genügend Energie hatte, um die Expansion des Universums für alle Zeiten aufrecht zu erhalten, und das Universum nach Erreichung einer Höchstausdehnung in sich zusammenfällt. Wir werden sehen, daß dieses Verhalten in der relativistischen Kosmologie einem geschlossenen Universum zukommt.

Für $k = 0$ (Gesamtenergie = 0) und $k < 0$ (positive Gesamtenergie) ergibt sich für alle Zeiten eine unbeschränkte, ins Unendliche laufende Expansion des Universums. Dieses Verhalten wird nach der relativistischen Kosmologie für nicht räumlich geschlossene, unendlich große Universen charakteristisch sein.

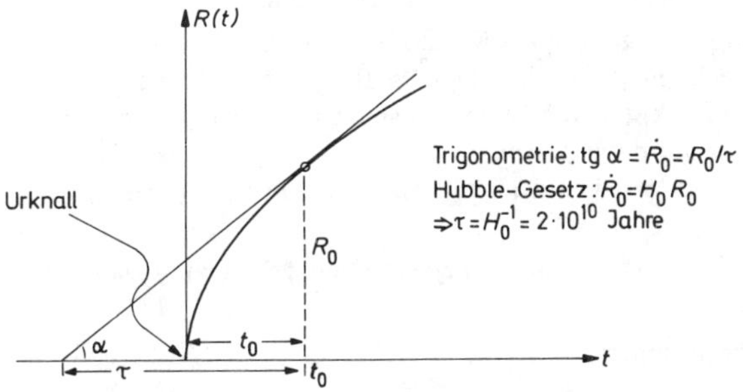

Bild 67
Zur Deutung der Hubble-Konstanten

Die wichtigste Folgerung aus der Dynamik des Universums ist zweifellos der *Urknall*. Aus Bild 66 liest man ab, daß die Expansion des Universums zur Zeit $t = 0$ in einem unendlich dichten Zustand begonnen hat, für den $R(0) = 0$ war. Die Kenntnis der Hubble-Konstanten erlaubt es abzuschätzen, wieviel Zeit seit dem Urknall, also seit der Entstehung des Universums, vergangen ist. Bild 67 zeigt, daß $\tau = H_0^{-1}$ etwas größer ist als das jetzige Alter t_0 des Universums, so daß sich ein

Weltalter t_0 von etwa 7–15 Milliarden Jahren ergibt. Die Gründe für die relativ große Unsicherheit dieser Angaben sollen im Abschnitt 9.7 erörtert werden.

Aufgaben

35. Newtonsche Kosmologie

Ist die Herleitung von Gl. (9.12) in der Newtonschen Kosmologie wirklich einwandfrei? Welche Annahmen werden dabei stillschweigend gemacht?

36. Frühes Universum

Zeigen Sie, daß die drei Expansionsgesetze (9.18) für kleine Zeiten (frühes Universum) übereinstimmend

$$R = C\left(\frac{3t}{2C}\right)^{\frac{2}{3}}$$

ergeben. Der Beginn der Expansion hängt daher nicht von der Raumkrümmung k ab. Warum ist das der Fall?

9.5. Geometrie des Universums: die Krümmung des Weltraums

Unsere bisherigen Überlegungen zur Kosmologie beruhten auf der Newtonschen Physik. Der Zusammenhang (Gl. (9.16)) zwischen Massendichte und Expansion des Universums gilt aber auch unverändert in der relativistischen Kosmologie, in der die Dynamik des Universums aufgrund der Einsteinschen Feldgleichungen der Gravitation berechnet wird. Allein die Konstante k erfährt eine neue Deutung, da sie die Krümmung des Weltraums bestimmt. Um dies zu erläutern, müssen wir uns zunächst kurz mit *Räumen konstanter Krümmung* beschäftigen.

Ausgangspunkt unserer Überlegungen zur Kosmologie war das kosmologische Prinzip, das die Gleichberechtigung aller Punkte im Weltall postuliert. Das Weltall bietet demnach von jedem Punkt (sieht man von lokalen Unregelmäßigkeiten ab) den gleichen Anblick. Wenn wir daran gehen, die Geometrie des Weltalls im großen zu untersuchen, so muß dieses Prinzip auch hier Ausgangspunkt unserer Überlegungen sein.

Um die folgenden Überlegungen anschaulich zu gestalten, gehen wir analog zu Abschnitt 3.3 vor.

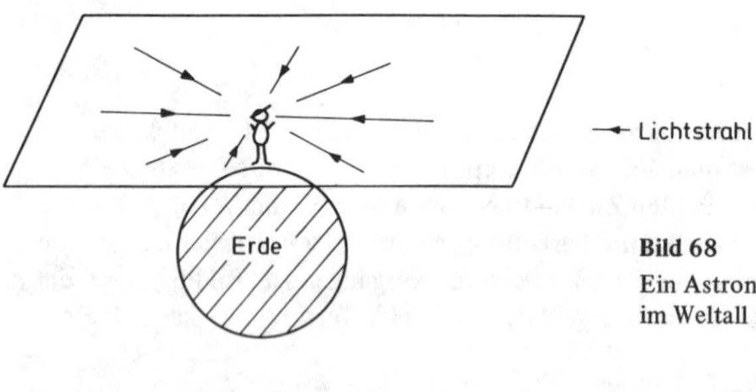

Bild 68
Ein Astronom sieht sich im Weltall in einer Ebene um.

In Bild 68 ist ein Astronom gezeigt, der sich im Weltall umsieht und dabei alle Sterne und Galaxien betrachtet, deren Licht bei ihm in einer Ebene ankommt. Im großen gesehen, schneidet die im Bild gezeigte Fläche das Universum in zwei genau gleiche Teile – die Erde ist in den kosmologischen Betrachtungen ja als unwesentliche Störung zu vernachlässigen.

Die physikalische Situation ist die gleiche wie bei der früher betrachteten Schnittfläche durch die Sonne. Auch hier müssen wir fragen, welche Geometrie die Schnittfläche aufweist, wenn wir darangehen, sie (auf noch zu besprechende Weise) mit Maßstäben zu vermessen. Diese Geometrie werden wir, genau wie im Abschnitt 3.3, veranschaulichen, indem wir eine Modellfläche konstruieren, die die gleichen geometrischen Verhältnisse aufweist wie die in Bild 68 angedeutete „kosmische Schnittfläche". Das kosmologische Prinzip wird uns dabei helfen, die Fülle der theoretischen Möglichkeiten auf einige einfache Alternativen zu reduzieren.

Wenn eine Reihe von Astronomen in verschiedenen Galaxien das Experiment durchführen, so müssen nach dem kosmologischen Prinzip alle zum gleichen Bild der Geometrie des Weltalls gelangen, da keine Milchstraße von der anderen ausgezeichnet ist.

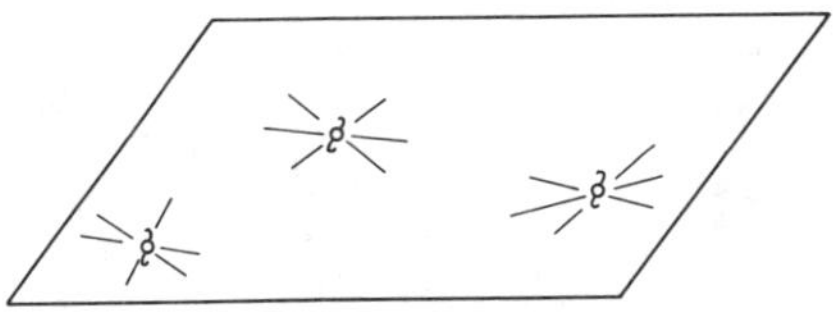

Bild 69

Die Ebene ist ein mögliches Modell für die Schnittfläche durch das Weltall, da alle Punkte auf ihr gleichberechtigt sind.

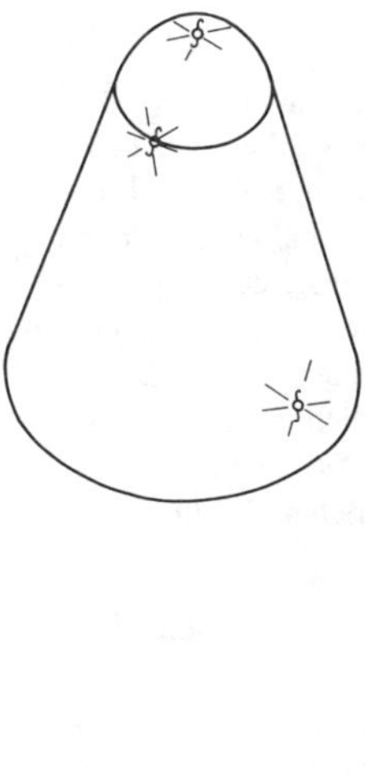

Bild 70

Die Geometrie der Schnittfläche kann nicht die eines Kegels sein, da hier die (abgerundete) Spitze einen ausgezeichneten Punkt darstellt. Ein derartiges Modell widerspricht dem kosmologischen Prinzip.

Bild 71

Die Kugelfläche ist mit dem kosmologischen Prinzip verträglich: Alle Galaxien sind gleichberechtigt.

Diese Bedingung wird offenbar von der in Bild 69 gezeigten Ebene erfüllt, jedoch nicht von dem in Bild 70 dargestellten abgestumpften Kegel. Hier ist eindeutig diejenige Galaxis ausgezeichnet, die sich an der abgerundeten Kegelspitze befindet.

Welche geometrischen Konfigurationen außer der Ebene sind mit dem kosmologischen Prinzip verträglich? Die Krümmung der gesuchten Fläche muß offensichtlich in allen Punkten und in jeder Richtung die gleiche sein. Derartige Flächen konstanter Krümmung sind in voller Allgemeinheit klassifizierbar. Außer der Ebene in Bild 69 ist die Kugel die einfachste Fläche, die mit dem kosmologischen Prinzip vereinbar ist.

Nachdem wir erste Beispiele von Schnittflächen konstruiert haben, die mit dem kosmologischen Prinzip in Einklang stehen, müssen wir feststellen, wie die bisher angegebenen Möglichkeiten – Kugel und Ebene – experimentell unterschieden werden können. Die Grundidee ist in Bild 72 gezeigt.

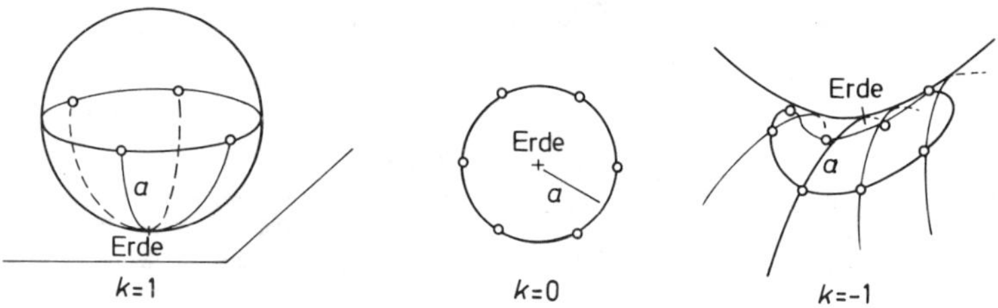

Bild 72. Galaxienverteilung im Universum

Stellen wir uns die Galaxien der Einfachheit halber regelmäßig im Universum verteilt vor, wobei der Abstand zwischen zwei Galaxien jeweils a betragen soll. Falls die Schnittfläche durch das Universum die in Bild 69 gezeigte Geometrie der Ebene aufweist, so werden sich im Abstand a von uns etwa 6 Galaxien befinden (wenn wir $2\pi \approx 6$ nähern). Falls die Schnittfläche die Geometrie der Kugel aufweist, so werden weniger Galaxien im Abstand a zu finden sein, als es einer ebenen Fläche entspricht. Wir können daher das Ausmessen der Fläche mit Maßstäben (was bei der kosmischen Schnittfläche offensichtlich unmöglich ist) durch eine Zählung der Galaxien als Funktion der Entfernung ersetzen. Der etwa konstante Abstand von Galaxien im Universum setzt von selbst die Maßstäbe für uns!

In Bild 72 ist ferner der dritte Grundtyp einer Fläche konstanter Krümmung gezeigt. Die Fläche negativer Krümmung wäre der Anschauung nicht ohne weiteres zu entnehmen. Der mathematische Formalismus zeigt jedoch, daß auch eine derartige Fläche konstanter Krümmung möglich ist, wobei hier die Zahl der Galaxien als Funktion der Entfernung stärker ansteigt als auf der Ebene.

Kehren wir nun von den zweidimensionalen Schnittflächen zum dreidimensionalen Raum zurück! Ein Raum, dessen Schnittflächen alle Ebenen sind, ist der Euklidische Raum. Falls die Schnittflächen dagegen die Geometrie von Kugeln aufweisen, so liegt ein geschlossener, sphärischer Kosmos vor. Die dritte Möglichkeit ist schließlich das unendliche hyperbolische Universum, dessen Schnittflächen die Geometrie von Sattelflächen aufweisen.

Die Entdeckung der Denkmöglichkeit einer nichteuklidischen Struktur des Universums war eine der wichtigsten Leistungen der allgemeinen Relativitätstheorie. Das sphärische Universum, das von *Einstein* 1917 in den berühmten „Kosmologischen Betrachtungen zur allgemeinen Relativitätstheorie" dargestellt wurde, hat die Möglichkeit eines geschlossenen, endlichen und doch unbegrenzten Raums aufgezeigt. Alle (optisch flachen) Schnittflächen sind in diesem Universum Kugeln. Geht man in Kurven geradeaus in eine Richtung, so kehrt man nach endlicher Zeit wieder zum Ausgangspunkt zurück! Das sphärische Universum hat endliches Volumen und ist von endlich vielen Galaxien erfüllt.

Aufgabe 37. Modelle des Universums

Die in Bild 72 gezeigten Flächen können entweder als Schnittflächen durch das Universum betrachtet werden (wie wir es getan haben) oder als zweidimensionale *Modelle* des Universums, wie dies in vielen populären Büchern dargestellt wird. Was halten Sie für die didaktischen Vor- und Nachteile der beiden Darstellungsarten?

9.6. Entscheidung zwischen Universen: Ist das Weltall endlich?

Die Überlegungen des vorigen Abschnitts haben gezeigt, daß das kosmologische Prinzip nur drei Alternativen für die Geometrie des Weltalls zuläßt: Euklidischer, sphärischer oder hyperbolischer Raum. Zugleich haben wir gesehen, wie eine Unterscheidung zwischen den Weltmodellen durch *Zählung der Galaxien als Funktion der Entfernung* möglich ist: Steigt ihre Zahl im Raume wie r^2 an, so ist das Universum euklidisch, bei schwächerem Ansteigen hat man ein sphärisches, bei stärkerem ein hyperbolisches Universum vor sich.

Leider lassen sich derartige direkte Entscheidungen experimentell derzeit nicht treffen. Der Grund dafür liegt in einem Effekt, den wir noch nicht berücksichtigt haben: Der Blick ins All ist zugleich ein Blick zurück in frühere Phasen des Universums. Denn je weiter eine Galaxis von uns entfernt ist, umso länger ist das Licht von dort zur Erde bereits unterwegs. Infolge der Expansion des Universums war auch die Krümmung damals anders als heute (Bild 73). Dieser Effekt läßt sich bei der Nebelzählung unschwer berücksichtigen und ändert die Resultate qualitativ nicht.

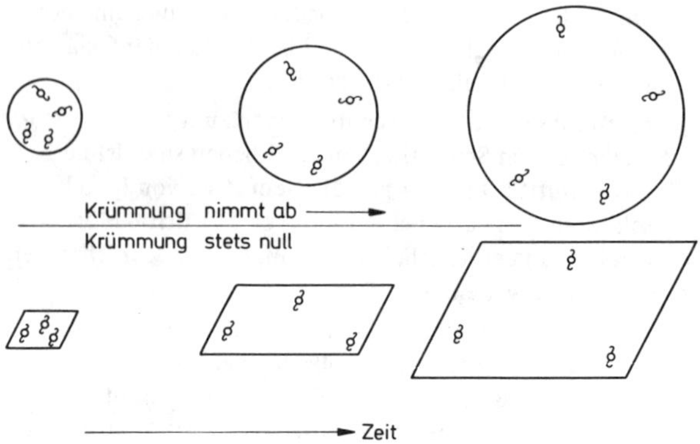

Bild 73. Entwicklung der Krümmung des Universums infolge der Expansion (der Einfachheit halber ist nur das Euklidische und das sphärische Universum gezeigt).

Ein anderer Effekt dagegen ist wesentlich und kann leider noch nicht quantitativ erfaßt werden: Wie hat sich die Leuchtkraft der Galaxien im Laufe der kosmischen Evolution verändert? Falls wir in großer Entfernung mehr Galaxien sehen, als es dem Anstieg mit r^2 entspricht, so könnte diese Tatsache auch dadurch zu erklären sein, daß Galaxien früher größere Leuchtkraft hatten. Dadurch würden auch kleinere Galaxien sichtbar, die die Statistik verfälschen könnten. Daher können aus Galaxienzählungen derzeit keine Rückschlüsse über Endlichkeit oder Unendlichkeit des Universums gezogen werden.

Ein anderer Weg, die Entscheidung zwischen verschiedenen Weltmodellen herbeizuführen, ist das Studium der *Korrekturen zur Rotverschiebungs-Entfernungsrelation.* Diese Korrekturen haben folgende Ursache: Im geschlossenen Universum hat jede Galaxis weniger Nachbarn als im Euklidischen Raum, auf jede Nachbargalaxis fällt folglich etwas mehr Licht. Die Galaxis wird daher heller gesehen, als es ihrer Entfernung entspricht. Da man aber die Entfernung der Galaxis aus ihrer Helligkeit abschätzt, so führt ein sphärisches Universum zu einer Unterschätzung, ein hyperbolisches zu einer Überschätzung von Entfernungen. Dadurch ergeben sich Korrekturen zum Hubble-Diagramm, die in Bild 74 zusammen mit den Meßdaten angegeben sind.

Die Meßdaten deuten auf ein geschlossenes Universum hin. Aber auch hier machen es Evolutionseffekte unmöglich, die Krümmung des Weltalls zu bestimmen:

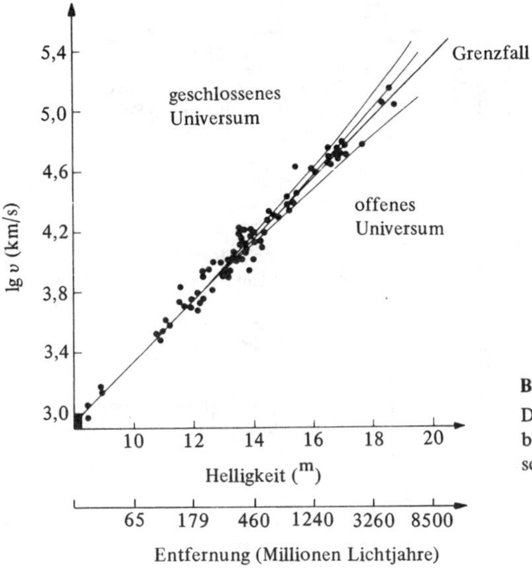

Bild 74
Die Korrekturen zur Rotverschiebungs-Entfernungsrelation für verschiedene Universen

Offensichtlich kann eine Änderung der Helligkeit von Galaxien ebenfalls zu Abweichungen vom Hubble-Gesetz führen. Falls wir annehmen, daß Galaxien früher heller waren als heute, so würde man ihnen zu große Entfernung zuschreiben, einen Effekt, den wir zuvor auf die Krümmung des Raumes zurückführen wollten. Wie beim Versuch, die Zahl der Galaxien als Funktion der Entfernung zu bestimmen, erwiesen sich auch hier *Evolutionseffekte und Krümmungseffekte als vorläufig ununterscheidbar.* Erst wenn wir über bessere Kenntnisse der Entwicklung von Galaxien verfügen, können wir erwarten, hier Fortschritte zu machen (siehe dazu auch Abschnitt 10).

Der dritte Versuch, offenes und geschlossenes Universum zu unterscheiden, stellt die Verbindung mit den dynamischen Überlegungen des Abschnitts 9.4 her. Die Friedmann-Gleichung (9.16), die die Expansion des Universums beschreibt, enthält den Radius $R(t)$ und den Parameter k. In der relativistischen Kosmologie gilt die Friedmann-Gleichung unverändert, $R(t)$ und k nehmen aber neue, geometrische Bedeutung an. Wegen der fixierten Raumstruktur der Newtonschen Theorie war dort keine geometrische Interpretation der verschiedenen Terme möglich. Tabelle 9 gibt die geometrischen Entsprechungen wieder.

Tabelle 9

Geometrie des Universums	k	$R(t)$
Sphärisches (geschlossenes) Weltall	$k = 1$	$R(t)$ ist der Radius des Universums, d. h. der kugelförmigen Schnittflächen. 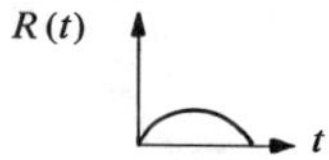
Euklidische (unendliche) Welt	$k = 0$	$R(t)$ ist ein mittlerer Abstand zwischen Galaxien 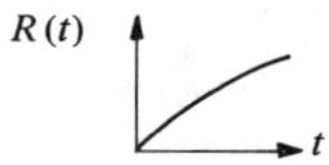
Hyperbolisches (unendliches) Weltall	$k = -1$	$R(t)$ ist der Krümmungsradius des Universums. 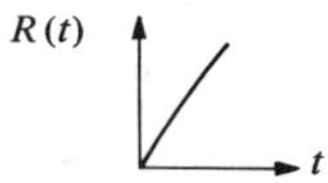

Die kleinen Diagramme in der Tabelle deuten das Verhalten des „Weltradius“ $R(t)$ an, das aus Gl. (9.16) folgt.

Für $k = 1$ erhalten wir das Bild eines geschlossenen, endlichen Universums, das vor etwa 10–15 Milliarden Jahren in einem Urknall ($R = 0$) entstanden ist. Das Universum verlangsamt seine Expansion und fällt nach Erreichen einer maximalen Größe wieder in sich zusammen.

$k = 0$ entspricht einem unendlichen, stets weiter expandierenden Universum Euklidischer Geometrie.

$k = -1$ ist ein unendliches hyperbolisches Universum, dessen anfängliche Explosion im Urknall so vehement war, daß die wechselseitige Massenanziehung die Expansion nicht zu stoppen vermag. Das Universum expandiert, wie im Fall $k = 0$, unbegrenzt weiter.

Eine einfache physikalische Idee erlaubt es, die einzelnen Fälle zu unterscheiden: Die Verlangsamung der Expansion ist auf die Massenanziehung im Universum zurückzuführen. Nur eine genügend große mittlere Massendichte wird in der Lage sein, die Expansion so sehr zu bremsen, daß sie sich umkehrt und das Universum kollabiert. *Ein geschlossenes Universum setzt eine Mindest-Massendichte im Weltall voraus.*

Um diese Dichte herzuleiten, dividieren wir die Friedmann-Gleichung (9.16) durch R^2:

$$\frac{\dot{R}^2}{R^2} - \frac{8\pi G}{3}\frac{\rho(t_0)R_0^3}{R^3} = -\frac{k}{R^2}. \tag{9.19}$$

Setzen wir $R = R_0$, spezialisieren wir die Gleichung also auf den heutigen Zustand des Universums, so folgt mit $H_0 = \dot{R}_0/R_0$

$$H_0^2 - \frac{8\pi G}{3}\rho(t_0) = -\frac{k}{R_0^2}. \tag{9.20}$$

Das Universum ist also geschlossen (endlich), falls

$$H_0^2 < \frac{8\pi G}{3}\rho(t_0), \tag{9.21}$$

da nur dann die linke Seite von Gl. (9.20) negativ wird, so daß $k = 1$ möglich wird.

Die gesuchte minimale Dichte für ein geschlossenes Universum wird nach Gl. (9.21)

$$\boxed{\rho(t_0) > \frac{3}{8\pi G}H_0^2} \tag{9.22}$$

Setzen wir den Wert (9.6) für H_0 ein, so folgt

$$\rho(t_0) > 5\cdot 10^{-27}\,\mathrm{kg/m^3}. \tag{9.23}$$

Der beobachtete Wert der Dichte des Universums ist dagegen

$$\rho(t_0) \approx 3\cdot 10^{-28}\,\mathrm{kg/m^3}. \tag{9.24}$$

Die Ungleichung (9.22) ist daher nicht erfüllt, so daß man auf ein offenes Universum schließen würde. Allerdings ist nicht gesichert, ob Gl. (9.24) wirklich die Dichte im Universum korrekt beschreibt, da viele Formen unsichtbarer Masse einen wesentlichen Beitrag zur Massendichte geben könnten. Um ein geschlossenes Weltall zuzulassen, müßte die Massendichte allerdings etwa 20 bis 100 mal größer sein als die zunächst angegebene Schätzung (Gl. (9.24)). Ob dies zutrifft oder nicht, ist noch nicht entschieden.

Die Frage nach der Struktur des Weltalls im großen ist damit ungelöst. Endliches oder unendliches Weltall – eine Entscheidung ist derzeit nicht möglich.

10. Kosmogonie und das frühe Universum

Im Abschnitt 4 haben wir einen systematischen Überblick über die Strukturen gegeben, die wir im Weltall vorfinden: Planeten, Sterne, Sternhaufen, Galaxien und Haufen von Galaxien. Dabei konnten wir einsehen, warum es für Sterne eine charakteristische Masse gibt, die etwa der Sonnenmasse entspricht. Auch die Radien von Planeten, Hauptreihensternen, Weißer Zwergen und Neutronensternen konnten aus der einfachen Theorie gefolgert werden. Andere Fragen blieben aber unbeantwortet: Wodurch ist die Masse der Galaxien bestimmt? Wie sind die Strukturen im Kosmos – als Beispiel kann das Sonnensystem dienen – entstanden? Kann man die chemische Zusammensetzung der Sterne verstehen? Viele ähnliche Probleme drängen sich auf.

Es sind dies Fragen der *Kosmogonie,* der Lehre von der Entstehung der Struktur im Kosmos. Wir werden in diesem Abschnitt einige Grundprobleme der Kosmogonie diskutieren, wobei besonders die Theorie des frühen Universums im Vordergrund stehen wird. Der Terminus „frühes Universum" bezieht sich dabei auf die ersten Sekunden, Stunden, Jahre und Jahrmillionen (aber nicht Jahrmilliarden) nach der Entstehung unseres Universums im Urknall. Vielleicht am überraschendsten ist dabei, daß über diesen Zeitraum überhaupt sinnvolle physikalische Aussagen möglich sind. Wie so vieles in der Geschichte der Wissenschaft ist auch diese Tatsache zum Teil einem glücklichen Zufall zu verdanken.

10.1. Die Entdeckung der kosmischen Hintergrundstrahlung

Im Jahre 1965 gelang den beiden amerikanischen Wissenschaftlern *Penzias* und *Wilson* zufällig eine Entdeckung, die die weitere Geschichte der Kosmologie und Kosmogonie veränderte: Bei dem Versuch, Satellitensignale zu beobachten, fanden sie eine elektromagnetische Strahlung, die auf keine bekannten Quellen im Universum zurückgeführt werden konnte und die isotrop aus allen Richtungen auf die Erde einfiel. Die Untersuchung der Spektralverteilung ergab in den nächsten Jahren, daß es sich um eine thermische Strahlung mit einer Temperatur von 2,7 K handelt (Bilder 75 und 75 a).

Die Existenz einer derartigen Strahlung, der kosmischen Hintergrundstrahlung, war bereits etwa 20 Jahre früher von *Gamov* und seinen Mitarbeitern vorgeschlagen worden. Sie postulierten, daß das Universum zum Zeitpunkt seiner Entstehung (Urknall) sehr heiß gewesen war und intensive Kernreaktionen in der Frühzeit des Weltalls stattgefunden hatten. *Gamov* vermutete, daß diese Kernreaktionen zur Entstehung eines Teils der chemischen Elemente geführt haben. Aufgrund dieser Theorie versuchte auch *R. M. Dicke* (Princeton University), Reste der kosmischen Hintergrundstrahlung zu finden, wobei ihm jedoch die Zufallsentdeckung von *Penzias* und *Wilson* zuvorkam.

Bild 75a
R. Wilson und *A. Penzias* vor der Hornantenne, mit der sie die kosmische Hintergrundstrahlung im Jahre 1965 entdeckten (Photo Bell Laboratories).

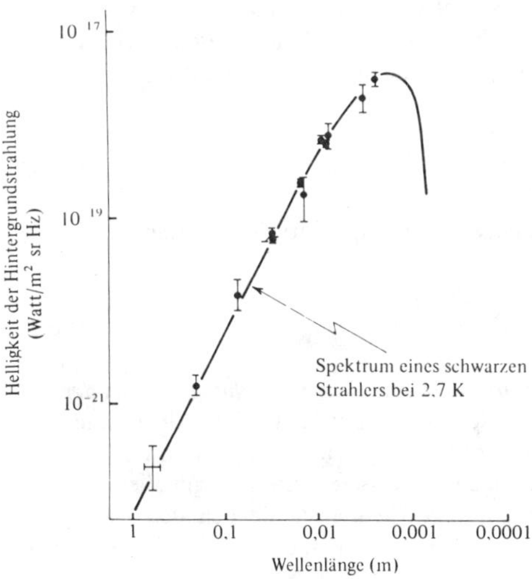

Bild 75
Spektrum der kosmischen Hintergrundstrahlung

10.2. Strahlung im Universum

Das Verhalten von Strahlung im Universum unterscheidet sich in charakteristischer Weise von demjenigen der Materie. Während für Materie das Gesetz der Massenerhaltung (9.13) gilt, müssen wir die für elektromagnetische Strahlung gültigen Gesetze gesondert herleiten.

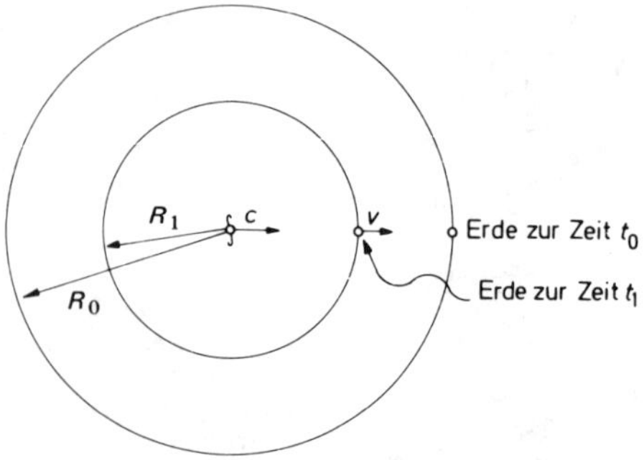

Bild 76
Zur Herleitung des Verhaltens von Strahlung im Universum

Dazu betrachten wir ein Photon, das zur Zeit t_1 von einer Galaxis emittiert wurde und zur Zeit t_0 auf der Erde empfangen wird. In Bild 76 ist diese Situation veranschaulicht, wobei die Galaxis das Zentrum des Koordinatensystems bildet und die Erde sich mit der Geschwindigkeit $v = H \cdot r_0$ (Hubble-Gesetz) wegbewegt. Das Photon, das bei der Aussendung die Wellenlänge λ_1 hatte, wird auf der Erde mit der Wellenlänge

$$\lambda_0 = \left(1 + \frac{v}{c}\right)\lambda_1 \tag{10.1}$$

empfangen. Während das Photon unterwegs ist, vergrößert sich der Radius des Universums gemäß

$$\frac{R_0}{R_1} = \frac{r_0}{r} = \frac{c}{c - v} \approx 1 + \frac{v}{c} = \frac{\lambda_0}{\lambda_1}. \tag{10.2}$$

Durch die Expansion des Universums tritt eine Rotverschiebung auf, bei der die Wellenlänge proportional zum Radius des Universums ist. Wird das Universum zwischen Aussendung und Empfang der Strahlung doppelt so groß, so verdoppelt sich auch die Wellenlänge jedes Lichtquantes. (Unsere Herleitung gilt allerdings nur für $v/c \ll 1$, d. h. $\lambda_0/\lambda_1 \approx 1$. Die strenge Theorie zeigt jedoch, daß das angegebene Endresultat für beliebige Geschwindigkeiten und damit Rotverschiebungen gültig ist.) Da aber ein Lichtquant doppelter Wellenlänge (also halber Frequenz) nur die halbe Energie des ursprünglichen Lichtquants hat, so verringert sich die Gesamtenergie der im Universum vorhandenen elektromagnetischen Strahlungsenergie umgekehrt proportional zum Radius des Universums:

$$E_{\text{Strahlung}} \propto \frac{1}{R}. \tag{10.3}$$

Da die Energie mit der Dichte der Strahlung nach

$$E_{\text{Strahlung}} = \rho_S \frac{4\pi}{3} R^3 c^2 \tag{10.4}$$

zusammenhängt, folgt daraus für elektromagnetische Strahlung

$$\rho_S(t) \cdot R^4(t) = \rho_S(t_0) \cdot R^4(t_0). \tag{10.5}$$

Die Dichte elektromagnetischer Strahlung nimmt schneller ab als die Energiedichte (Massendichte) anderer Materie.

Das Stefan-Boltzmann-Gesetz erlaubt es, aus der Temperatur die Energiedichte w und damit die Massendichte ρ_S der Strahlung zu bestimmen:

$$\rho_S = \frac{w}{c^2} = \left(\frac{4\sigma}{c^3}\right) T^4 \tag{10.6}$$

($\sigma = 2\pi^5 k^4 / 15 h^3 c^2$ ist die Stefan-Konstante; ihr numerischer Wert ist $\sigma = 5{,}67 \cdot 10^{-8}\ \text{W/m}^2 \cdot \text{K}^4$). Für $T = 2{,}7\ \text{K}$ erhalten wir

$$\rho_S(t_0) = 4{,}5 \cdot 10^{-31}\ \text{kg/m}^3. \tag{10.7}$$

Derzeit ist ρ_S gegen die Materiedichte im Universum vernachlässigbar. Wenn wir aber die Geschichte des Kosmos zurückverfolgen, so erreichen wir wegen des stärkeren Ansteigens der Strahlungsdichte bei kleiner werdendem Universum bald einen Zeitpunkt, zu dem die Strahlungsdichte die Materiedichte erreicht bzw. überschreitet.

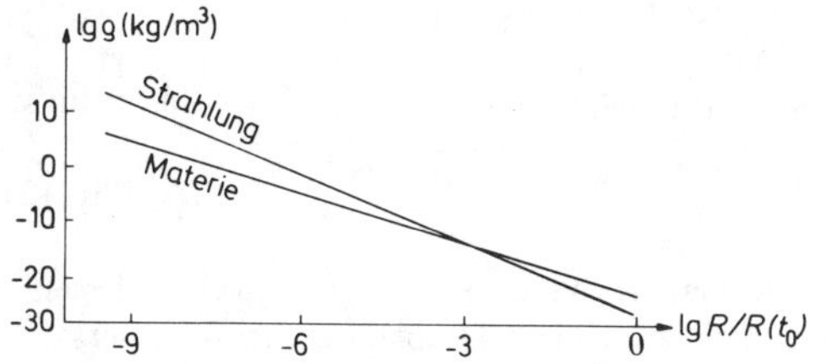

Bild 77
Strahlungsdichte und Materiedichte im Universum

Das Universum ist dann *strahlungsdominiert.* Die Erhaltungssätze (9.13) und (10.5) zeigen, daß dieser Punkt erreicht war, als das Universum eine etwa 1000 mal kleinere Ausdehnung als heute hatte (Bild 77).

Aus dem dynamischen Verhalten des Universums (Friedmann-Gleichung) folgt, daß diese Phase in der Entwicklung des Kosmos, das frühe Universum, etwa 1 Million Jahre dauerte (siehe Aufgabe 38).

Aufgabe 38. Dauer des frühen Universums

In der Herleitung der Friedmann-Gleichung (9.16) wurde vom Erhaltungssatz (9.13) Gebrauch gemacht. Da Gl. (9.13) nur für Materie gilt, ist Gl. (9.16) nicht auf das frühe Universum anwendbar. Um die Expansion in der ersten Phase des Kosmos zu berechnen, gehen Sie von Gl. (9.12) aus und setzen $\rho(t) = \rho_S(t_0) \cdot R_0^4/R^4$ ein. Zeigen Sie, daß die resultierende Friedmann-Gleichung

$$\left(\frac{dR}{dt}\right)^2 - \frac{A^2}{R^2} + k = 0 \tag{10.8}$$

lautet, wobei $A^2 = 2\pi G \rho_S(t_0) R_0^4/3$. Integrieren Sie diese Gleichung, wobei Sie k gegen A^2/R^2 vernachlässigen können (da R klein ist). Zeigen Sie, daß

$$\frac{R}{R_0} = \left(\frac{t}{t_S}\right)^{\frac{1}{2}}, \tag{10.9}$$

wobei

$$t_S = \left[\frac{8\pi}{3} G \rho_S(t_0)\right]^{-\frac{1}{2}}. \tag{10.10}$$

Berechnen Sie t_S und daraus die Dauer des frühen Universums, indem Sie aus Bild 77 $R/R_0 = 10^{-3}$ als Ende der strahlungsdominierten Zeit entnehmen.

10.3. Das frühe Universum

Wie haben wir uns die erste Million Jahre der Evolution unseres Weltalls vorzustellen? Was bedeutet es, daß das Universum damals strahlungsdominiert war?

Bei der Beantwortung dieser Fragen müssen wir berücksichtigen, daß die Strahlung im frühen Universum nicht nur wesentlich dichter, sondern auch wesentlich heißer war als heute. Da für die Strahlungsdichte die beiden Relationen

$$\rho \propto T^4, \quad \rho \propto R^{-4} \tag{10.11}$$

gelten, ist die Temperatur umgekehrt proportional zum Radius R des Universums:

$$T = 2{,}7\ \mathrm{K} \cdot \left(\frac{R_0}{R}\right). \tag{10.12}$$

Wenn wir die Geschichte des Universums von Anbeginn an verfolgen, so lassen sich gewisse Epochen unterscheiden, die durch ihre Temperatur charakterisiert werden können. Diese Epochen sind in Tabelle 10 angegeben.

Tabelle 10

Zeit	Radius	Dichte	Temperatur
10^{10} Jahre	10^{26} m Zeitalter der Sterne	10^{-27} kg/m^3	3 K
10^{6} Jahre	10^{23} m Zeitalter der Strahlung	10^{-18} kg/m^3	10^4 K
1000 s	10^{17} m Zeitalter der Kernreaktionen	1 kg/m^3	10^8 K
10^{-4} s	10^{14} m Zeitalter der Hadronen	10^{18} kg/m^3	10^{12} K

In den ersten 10^{-4} s der Existenz des Universums war demnach die Temperatur so hoch, daß die im Universum enthaltenen Elementarteilchen (Proton, Neutron, usw.) relativistische Geschwindigkeiten erlangten und in ständigen Stößen immer neue Teilchen erzeugten, die sich allerdings sehr bald wieder vernichteten. In dieser chaotischen Epoche war ein ständiges Gleichgewicht der Erzeugung und Vernichtung von Materie und Antimaterie gegeben. Nach etwa 10^{-4} s sank die Temperatur des Universums so weit ab, daß die Protonen und Neutronen nichtrelativistische Geschwindigkeiten erlangten. Erzeugung von Antiteilchen ist unter diesen Verhältnissen nicht mehr möglich. Es finden aber sehr intensive Kernreaktionen statt, da die Temperaturen noch immer größer als einige Milliarden Kelvin sind. Dieses Zeitalter der Kernreaktionen dauert bis zu etwa 1000 Sekunden nach dem Urknall, wonach die Temperatur auf etwa 100 Millionen Kelvin abgesunken ist.

Während man im Zeitalter der Hadronen (also bis zu 10^{-4} s nach dem Urknall) noch nicht von chemischen Elementen sprechen kann, bilden sich im Zeitalter der Kernreaktionen allmählich individuelle Atomkerne, wobei man die Entstehung der

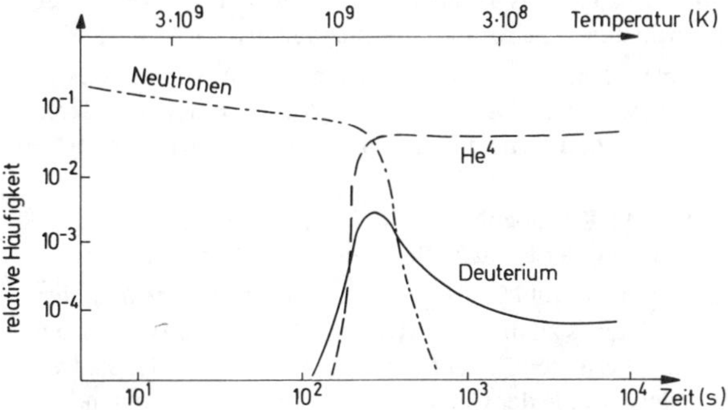

Bild 78
Elemententstehung beim Urknall

chemischen Elemente genau verfolgen kann. Bild 78 zeigt die Erzeugung von Helium und Deuterium beim Urknall. Allerdings findet man, daß nur die leichten Elemente (Helium und Deuterium) in diesen ersten Sekunden der Lebensdauer des Universums entstehen. Die schwereren Elemente müssen dagegen in Kernreaktionen, die später in Sternen oder Supernovaexplosionen stattfanden, entstanden sein.

Die dritte Epoche, die in Tabelle 10 angegeben ist, ist das Zeitalter der Strahlung. In dieser Zeit, den ersten Millionen Jahren nach der Entstehung unseres Universums, dominiert die Strahlung über die Materiedichte. Da die Temperatur noch immer ziemlich hoch war (größer als 10 000 K), hat man sich die Materie in dieser Zeit als hochionisiertes Plasma vorzustellen.

Im folgenden Zeitalter der Sterne kam es allmählich zur Kondensation individueller Sterne und zu ihrer Gruppierung zu Galaxien. Dieser Prozeß, die Entstehung diskreter Strukturen, soll in den Abschnitten 10.4 und 10.5 besprochen werden.

10.4. Die Entstehung der Strukturen

In Abschnitt 4.8 haben wir versucht, einen systematischen Überblick über die Strukturen zu geben, die wir im Universum vorfinden. Dabei war es in einigen Fällen möglich, gewisse Eigenschaften dieser Objekte aus ihrem atomaren Aufbau zu deduzieren: So konnten wir die in Bild 38 dargestellte Massen-Radien-Beziehung für Monde, Planeten, Weiße Zwerge und Neutronensterne herleiten.

Dagegen können wir die Frage nach der *Häufigkeitsverteilung* dieser Strukturen nicht aus ihrem Aufbau heraus beantworten: Warum sind Weiße Zwerge in unserer Galaxis zahlreich vertreten? Wie viele Neutronensterne gibt es?

Vor allem sind aber selbst die grundlegenden Eigenschaften von *Sternhaufen und Galaxien* aus deren Aufbau heraus unverständlich: Was bestimmt die Größe der Galaxien? Warum enthalten kugelförmige Sternhaufen etwa 10^6 Sterne?

Derartige Fragen können nicht von der Struktur, sondern nur von der *Geschichte* der Objekte her verstanden werden. Diese Geschichte ist die Kosmogonie, deren erster Teil, das frühe Universum, in den vorhergehenden Abschnitten skizziert wurde.

Welche Aussagen macht die Kosmogonie über die Entstehung der Strukturen? Um dies zu untersuchen, sollen hier typische Beispiele herausgegriffen werden.

Betrachten wir zunächst die in Bild 79 dargestellte *Häufigkeitsverteilung der Elemente* im Kosmos. Wie kam es zu dieser Verteilung? Eine Teilantwort haben wir bereits in Abschnitt 10.3 erhalten: Leichte Elemente, vor allem He, sind vermutlich bereits in der ersten Stunde der Geschichte des Universums entstanden.

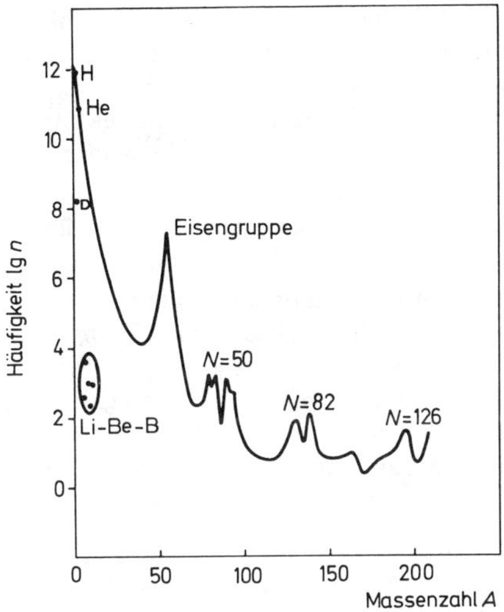

Bild 79 Häufigkeitsverteilung der Elemente

Die Rechnung zeigt aber, daß schwerere Elemente auf diese Art nicht gebildet werden können.

Der Grund dafür ist das Fehlen stabiler Elemente mit den Massenzahlen 5 und 8. Weder durch Reaktionen von H mit He noch von He mit He können schwerere Elemente aufgebaut werden. Hier schien dem Verständnis der Entstehung der chemischen Elemente eine zunächst unüberwindliche Schranke gesetzt. *Edwin Salpeter* konnte jedoch 1952 zeigen, daß der Beryllium Kern Be^8, der in den Reaktionen $He^4 + He^4 \rightarrow Be^8$ entsteht, zwar nur etwa 10^{-16} s existiert, diese Zeit jedoch ausreicht, um stets eine kleine Anzahl von Be-Kernen in einem Stern zu erzeugen. In der Reaktion $3He^4 \rightarrow Be^8 + He^4 \rightarrow C^{12}$ entsteht dann ein Kohlenstoffkern, und damit ist die Grundlage für die Fusion schwererer Elemente geschaffen. Reaktionen wie $C^{12} + He^4 \rightarrow O^{16}$, $O^{16} + He^4 \rightarrow Ne^{20}$ bauen im Sterninneren bei Temperaturen von einigen 100 Millionen Kelvin die Atomkerne bis zu einer Massenzahl im Bereich von etwa 40 auf. Der Abfall der Häufigkeitskurve (Bild 79) in diesem Bereich erklärt sich dadurch, daß es mit zunehmender Ladung immer schwieriger wird, die Coulombbarriere des Atomkerns bei der Fusion zu durchdringen.

Sehr auffällig in Bild 79 ist das starke Maximum der Häufigkeitskurve bei Eisen. Auch dies ist zunächst qualitativ verständlich: Da Eisen die höchste Bindungsenergie pro Nukleon hat (das heißt der Kern ist relativ am stärksten gebunden), kann weder durch Fusion noch durch Spaltung von Eisenkernen Energie gewonnen werden. Ein einmal gebildeter Eisenkern kann nur unter Energiezufuhr in andere chemische Elemente umgewandelt werden.

Schließlich sei noch angedeutet, wie man auch die starken Schwankungen der Verteilungskurve für schwere Elemente verstehen kann.

Schwere Elemente können nicht bei den üblichen Kernreaktionen in Sternen entstehen. Die Temperaturen, die hierfür erforderlich sind, lassen jeden Stern durch den Strahlungsdruck unstabil werden – vermutlich in der Form einer Supernovaexplosion. In derartigen Katastrophen ist wahrscheinlich der Ursprung der schweren Elemente zu suchen. Dabei führt Neutroneneinfang zum Aufbau immer massenreicherer Atomkerne. Die Änderung der Konzentration N_A der Atomkerne mit Atomgewicht A ist proportional zu

$$\mathrm{d}N_A \propto -\sigma_A N_A + \sigma_{A-1} N_{A-1}, \tag{10.13}$$

wobei σ_A der Wirkungsquerschnitt des Atomkerns A für Neutroneneinfang ist. Da der Einfang von Neutronen durch A zum Aufbau von Kernen mit Massenzahl $A + 1$ führt, tritt der Term $\sigma_A N_A$ in Gl. (10.13) mit negativem Vorzeichen auf (vermindert die Konzentration von A), während der Einfang von Neutronen durch die in Konzentration N_{A-1} vorhandenen Atomkerne der Massenzahl $A - 1$ zum Aufbau von A führt. Im Gleichgewicht ist $\mathrm{d}N_A = 0$,

$$\sigma_A N_A = \sigma_{A-1} N_{A-1}. \tag{10.14}$$

Das Produkt des Neutroneneinfangquerschnitts σ_A mit der relativen Häufigkeit N_A sollte folglich eine von A unabhängige Konstante sein, was tatsächlich annähernd der Fall ist. Dies läßt vermuten, daß der Prozeß des Neutroneneinfangs für die Entstehung und Häufigkeitsverteilung der schweren Elemente verantwortlich ist.

Nach dieser Skizze der Elemententstehung wenden wir uns der Sternentstehung zu: Die Grundlagen der Theorie sind in Abschnitt 4.1 und von den Übungsaufgaben 13 und 14 gelegt worden. Fassen wir kurz zusammen: Das Jeans-Kriterium (Gl. (4.17)) besagt, daß Massen

$$M \gtrsim \left(\frac{kT}{G\mu}\right)^{\frac{3}{2}} \frac{1}{\sqrt{\rho}} \tag{10.15}$$

unter der Wirkung der eigenen Schwerkraft unstabil werden. Die Dichte und Temperatur des interstellaren Gases führen zur Kontraktion von Gaswolken von einigen tausend Sonnenmassen. Wenn die Dichte der kontrahierenden Wolke steigt (ohne daß sie sich zunächst stark erhitzt), wird nach Gl. (10.15) die instabile Masse kleiner, und Teilwolken von einigen Sonnenmassen beginnen sich zu ersten Sternen zu formen. Diese Sterne heizen das umgebende Restgas auf etwa 10^4 K auf, so daß Wolken ionisierten Wasserstoffgases (H-II-Wolken) entstehen. In den H-II-Regionen herrscht wegen der erhöhten Temperatur auch hoher Druck, der diese Regionen expandieren läßt und das nichtionisierte Wasserstoffgas zu „Globulen" zusammenpreßt, aus denen dann neue Sterne hervorgehen. Die quantitative Durchrechnung dieser allgemeinen Ideen ist bereits recht weit vorgeschritten, so daß die Theorie der Sternentstehung heute in ihren Grundzügen als geklärt gelten kann.

Auch für die Theorie der Kugelhaufen (kugelförmige Sternhaufen) liegen Ansätze vor. Diese Gebilde, die je rund eine Million Sterne enthalten und etwa 10 Milliarden Jahre alt sind, umgeben die Milchstraße. Sie sind jedoch nicht wie die anderen Sterne im wesentlichen auf die Milchstraßenebene beschränkt. Wie sind Kugelhaufen entstanden, und warum enthalten sie etwa 10^6 Sterne? Das große Alter der Sterne in den Kugelhaufen zeigt, daß diese Gebilde sehr früh in der Geschichte des Universums entstanden sind.

Bei Beginn des Zeitalters der Sterne, 1 Million Jahre nach dem Urknall, war nach Tabelle 10 die Dichte auf 10^{-18} kg/m^3 abgesunken, und die Temperatur betrug etwa 10^4 K. Setzen wir diese Werte in Gl. (10.15) ein, so folgt, daß zu dieser Zeit Massen der Größenordnung $M \gtrsim 10^6 M_\odot$ unstabil waren. Damit ist zumindest ein erster Anhaltspunkt zur Erklärung von Masse und Alter von Kugelhaufen gegeben.

Die Entstehung von Galaxien und Haufen von Galaxien ist dagegen ein Problem, das in den letzten Jahren zu einer großen Zahl von Hypothesen Anlaß gegeben hat. Hier ist es noch nicht gelungen, eine Theorie zu finden, die die beobachteten Daten (Masse, Drehimpuls) in befriedigender Weise aus der kosmologischen Entwicklung heraus erklärt.

Nur ein allgemeines, qualitatives Bild ist möglich: Vor etwa 10 Milliarden Jahren ist unsere Galaxis aus einer annähernd kugelförmigen, turbulenten Gaswolke entstanden. Ein Bruchteil der Masse kondensierte zu dieser Zeit in kleinen Wolken, den Kugelhaufen.

Allmählich zog sich die Gaswolke zusammen. Der anfänglich vorhandene Drehimpuls bewirkt eine Abplattung der Gaskugel zur Scheibe. Auch die Geschwindigkeitsverteilungen der Sterne in der Galaxis, die Existenz des galaktischen Kerns und die Spiralstruktur lassen sich qualitativ unschwer verstehen. Unklar bleibt die Annahme, mit der wir begonnen haben: Warum ziehen sich gerade Gasmassen von $10^{11} M_\odot$ zusammen? Was bestimmt ihren Drehimpuls?

10.5. Zufall oder Notwendigkeit: Sonnensystem und Leben

Die Ergebnisse der vorangehenden Abschnitte sind eigentlich sehr überraschend: Aus einem homogenen, heißen Wasserstoffgas entstehen in der Geschichte des Universums von selbst differenzierte Strukturen, wie komplexe Atomkerne, Sterne und Galaxien. Dies steht in Widerspruch mit unserer sonstigen Erfahrung. Üblicherweise führen thermodynamische Prozesse nicht zum Aufbau, sondern zum Abbau von Strukturen: Gase verteilen sich gleichmäßig auf Behälter, Wärmeunterschiede werden ausgeglichen; Schwingungen sind gedämpft und Bewegungen kommen durch Reibung zum Stillstand. Widerspricht die Entwicklung des Weltalls, *widerspricht die Entstehung der Strukturen der Thermodynamik?* Dies kann offenbar nicht der Fall sein, da thermodynamische Argumente die Grundlage unserer Überlegungen gebildet haben. Tatsächlich hat man in den vergangenen Jahren – vor allem durch die Arbeiten der belgischen Schule um *Prigogine* – gelernt, die Bedingungen zu analysieren, unter denen dissipative (Entropie erzeugende) Prozesse Strukturen hervorrufen, anstatt sie zu zerstören. *Manfred Eigen* (Nobelpreis für Chemie) hat versucht diese Theorie auf die *Entstehung des Lebens* anzuwenden und zu zeigen, daß Lebensvorgänge auf die „Selbstorganisation" der Materie zurückzuführen sind und damit einen Höhepunkt in der Kette spontaner Strukturentstehungen darstellen, die im vorhergehenden Abschnitt beschrieben wurden. *Jaques Monod* versucht hingegen in seiner berühmten Studie über *Zufall und Notwendigkeit* zu argumentieren, daß Leben etwas überaus unwahrscheinliches sei. Nur einem ungeheuren Zufall sei es zu verdanken, daß es im gesamten Universum überhaupt einen Planeten gebe, auf dem Lebewesen zu finden seien. Viel wahrscheinlicher wäre ein Universum, das sinnlos und für niemanden expandiert und eventuell kontrahiert, in dem Sterne entstehen und vergehen, eine riesige „Weltmaschine", die, einmal in Gang gesetzt, nach ihren eigenen Gesetzen und doch ziellos abläuft.

Gibt es Leben nur auf der Erde? An einer einzigen Stelle im Universum, das Milliarden Lichtjahre groß ist und etwa 10^{22} Sterne enthält? Könnte es nicht zahllose andere Zivilisationen im All geben, die darauf warten, mit uns in Kontakt zu treten, oder dies vielleicht bereits aktiv versuchen? Welche Teilprobleme sind zu klären, welche Experimente anzustellen, bevor wir daran gehen können, derartige Problemstellungen mit wissenschaftlichen Mitteln zu untersuchen?

Hier wollen wir einen Aspekt herausgreifen, der eng an unsere früheren Überlegungen anschließt: Leben kann nur auf Planeten entstehen, die geeignete thermische, atmosphärische und andere Bedingungen erfüllen. Wieviele Sterne aber haben Planeten? Ist die Entstehung eines *Planetensystems* ein Zufall, oder entsteht es fast notwendig bei der Kontraktion einer Gaswolke zu einem Stern?

Die Theorie der Genesis unseres Sonnensystems hat zwischen beiden Auffassungen geschwankt. Nach ersten Ansätzen von *Descartes* haben *Kant* und, in etwas modifizierter Form, *Laplace* versucht, die Entwicklung des Sonnensystems in einer Form zu verstehen, die an das früher beschriebene Bild der Galaxienentstehung gemahnt: Eine Gaswolke kontrahiert, beschleunigt dabei ihre Rotation und löst sich allmählich in Teilwolken auf, die schließlich zu Planeten führen. *Henri Poincaré* hat versucht, diese Theorie mathematisch exakter durchzuformen, was zum Teil gelang. Ein Problem blieb aber ungelöst: Warum rotiert die Sonne so langsam? Bei der Kontraktion des „Urnebels" sollte der innerste Teil weit schneller rotieren, als wir dies heute an der Sonne beobachten.

Der schwedische Physiker und Chemiker *Arrhenius* hat daher um 1900 eine andere Theorie vorgeschlagen: Beim Zusammenstoß der Sonne mit einem anderen Stern sollten Gezeitenkräfte Teile der Sonnenmaterie in den Raum geschleudert haben. Diese Materie hat vor einigen Milliarden Jahren das Sonnensystem geformt. Diese Theorie wurde in der Folge von *Jeans* ausgearbeitet und konnte vor allem das Problem der langsamen Sonnenrotation lösen.

Allerdings sind Zusammenstöße zwischen Sternen überaus selten. In der Geschichte des gesamten Universums haben wahrscheinlich nicht allzuviele derartige Elementarkatastrophen stattgefunden. Daher wäre nach der Theorie von *Arrhenius* und *Jeans* die Entstehung von Planetensystemen ein ungeheurer *Zufall,* während sie nach *Kant* und *Laplace* die Sternentstehung fast mit *Notwendigkeit* begleitet.

In der Folge haben Theorie und Beobachtung zugunsten von *Kant* und *Laplace* entschieden: In verbesserter Form wurde ihre Hypothese von *Weizsäcker, Lüst* und anderen weiterentwickelt. Das Problem der langsamen Rotation der Sonne erwies sich durch die Entdeckung des „Sonnenwindes" zumindest qualitativ lösbar, und wenn die Theorie auch viele Detailfragen noch unbeantwortet läßt, so ist sie ein wahrscheinlich in ihren Grundzügen korrektes Bild der Genesis des Sonnensystems.

Aber auch Beobachtungen entkräften die Zusammenstoß-Hypothese von *Arrhenius:* Messungen der Bahnbewegung von Barnards Stern haben gezeigt, daß dieser Stern von mindestens einem Planeten umkreist wird. Da Barnards Stern mit 6 Lichtjahren Abstand einer der sonnennächsten Sterne ist, können Planetensysteme nicht auf außergewöhnliche und seltene Ursachen wie Sternzusammenstöße zurückzuführen sein.

Damit scheint die Existenz von Planeten – eine Grundvoraussetzung der Lebensentstehung – in großer Zahl im Universum überaus wahrscheinlich. Als ersten Ansatz könnten wir etwa annehmen, daß von den 10^{22} Sternen des sichtbaren Universums 10^{20} oder 10^{21} von einem Planetensystem umgeben sind. Auf wievielen davon könnte sich Leben entwickelt haben? Haben wir uns dieses Leben auf der Basis von Kohlenwasserstoffverbindungen (wie auf der Erde) vorzustellen? Über diese und ähnliche Fragen wurden in den letzten Jahren viele Spekulationen und auch manche Experimente angestellt. Eigens Rechnungen stellen erste Versuche dar, von qualitativen Hypothesen zu quantitativen Theorien zu gelangen.

Wie könnte man empirisch entscheiden, ob es auch auf den Planeten anderer Sterne Leben gibt, ob es vielleicht sogar intelligentes Leben gibt, andere Zivilisationen, mit denen Kontakte möglich wären? Diese Fragestellungen erinnern sehr an utopische Literatur, und doch kann man auch mit wissenschaftlichen Mitteln an sie herantreten und sie zu beantworten suchen. Die Strahlung, die aus dem Bereich der sonnennächsten Sterne zu uns kommt, wurde in den letzten Jahren nach möglichen Signalen anderer Zivilisationen durchforscht. Das Resultat war negativ. Andere Experimente sind in Vorbereitung, um die Frage nach der Verbreitung des Lebens einer Lösung näherzubringen.

Aufgabe 39. Zufall oder Notwendigkeit: das Titius-Bode-Gesetz

Die Entfernung der Planeten von der Sonne genügt einer einfachen Regel, die 1772 von *Titius* und *Bode* aufgestellt wurde. Wenn wir die Entfernung Erde-Sonne als Längeneinheit wählen, so genügen die Abstände der Planeten von der Sonne in guter Näherung der Regel

$$r_n = 0{,}4 + 0{,}3 \cdot 2^n, \qquad n = -1, 0, 1, 2 \dots 8.$$

Für n = 3 existiert allerdings kein Planet, aber einige Jahre nach der Aufstellung des Titius-Bode-Gesetzes wurden genau in der für n = 3 vorhergesagten Entfernung von der Sonne die Planetoiden gefunden. Halten Sie das Titius-Bode-Gesetz für einen numerischen *Zufall* oder für ein notwendiges *Gesetz*, das aus der Theorie der Entstehung des Planetensystems her zu erklären ist?

Anleitungen zur Lösung der Übungsaufgaben

1. Zum Eötvös-Dicke-Experiment

Wenn wir die Variation der Schwerkraft im Erdinnern der Einfachheit halber vernachlässigen (das Resultat ändert sich dadurch qualitativ nicht), gilt $x \approx gt^2/2$ für die Fallstrecke und $\Delta x \approx \Delta g t^2/2$ für den Höhenunterschied der Schwerpunkte. Division der Gleichungen ergibt $\Delta x/x \approx \Delta g/g \approx 10^{-11}$. Da $x \approx 10^7$ m ist, folgt $\Delta x = 10^{-4}$ m.

2. Träge und schwere Masse

Die Entdeckung eines Moleküls, bei dem sich träge und schwere Masse unterscheiden, würde durch eine geringe Modifikation der Newtonschen Theorie berücksichtigt werden können. Die Einsteinsche Theorie dagegen sagt voraus, daß träge und schwere Masse stets gleich sein müssen, und kann nicht in der erwähnten Weise modifiziert werden. Die „Vorhersagekraft" (predictive power) von Einsteins Theorie ist daher größer als diejenige von Newtons Theorie.

3. Pound-Snider-Experiment

Allgemein gilt $\Delta\nu/\nu = \Delta U/c^2$. Im Erdschwerefeld ist $\Delta U = gH$. Für $H = 20$ m folgt $\Delta\nu/\nu = 10 \cdot 20/10^{17} \approx 2 \cdot 10^{-15}$. Der Mössbauer-Effekt ist für das Experiment von Bedeutung, da er zu sehr scharfen Spektrallinien führt, deren Rotverschiebung gut gemessen werden kann.

4. Was ist gerade?

Siehe dazu Aufgabe 8.

5. Hafele-Keating-Experiment

Die erforderliche Ganggenauigkeit der Uhren ist $\Delta T/T \approx 1$ n s/10^5 s $\approx 10^{-14}$.

6. Das Zwillingsparadoxon

Zweifellos ist auch der Mensch als eine, wenn auch nicht sehr präzise, Uhr zu betrachten. So kann z. B. die Zahl der Herzschläge als Zeitmaß herangezogen werden. Der Zusammenhang dieser Zahl mit dem in der Aufgabe erwähnten „Altern" ist allerdings bestimmt nicht eindeutig, und gerade die Bedingungen der Raumfahrt würden den Alterungsprozeß sicher stark beeinflussen. Daher könnte der relativistische Effekt erst nachgewiesen werden, wenn er eindeutig über der ziemlich großen Gangungenauigkeit der Uhr „Mensch" liegt, wenn die Effekte also die Größenordnung 30 % erreichen oder überschreiten.

7. Was ist eine Ebene?

Um die Frage zu beantworten, ob die Schnittfläche eine Ebene ist oder nicht, müssen wir zuerst analysieren, welche Eigenschaften man von einer „Ebene" erwartet. So kann man 1. fordern, daß die Fläche „eben aussieht", das heißt, Licht als Charakterisierung heranziehen. Andererseits kann man 2. auch straff gespannte Seile dazu verwenden um eine Fläche als Ebene zu erweisen, oder 3. die Fläche mit Maßstäben ausmessen und feststellen, ob die Geometrie der Ebene (Winkelsumme im Dreieck usw.) anwendbar ist. Alle diese Kriterien sind im Alltagsleben gleichwertig, unterscheiden sich aber, wie Abschnitt 3.3 zeigt, in der Umgebung schwerer Massen voneinander. Bevor die Frage beantwortet werden kann, ob eine Fläche eine Ebene ist oder nicht, muß daher zunächst geklärt werden, welches Kriterium zur Entscheidung dieser Frage benützt werden soll. So ist die Schnittfläche durch den Sonnenmittelpunkt nur nach Kriterium 1. eine Ebene.

8. Nochmals: Was ist gerade?

Auch der Begriff „Gerade" ist im Alltagsleben auf verschiedene, äquivalente Weisen definierbar. Im gekrümmten Raum könnten wir eine dieser Definitionen verwenden, um auch dort von „Geraden" zu sprechen. So wäre es z. B. möglich zu definieren, daß die Bahn eines Lichtstrahls stets gerade ist. Die Diskussion der Lichtablenkung zeigt jedoch, daß dies keine zweckmäßige Sprechweise darstellt. Der wissenschaftliche Sprachgebrauch vermeidet daher, den Begriff der „Geraden" in irgendeiner Weise auf den gekrümmten Raum zu übertragen. Man spricht zweckmäßigerweise von „Geodäten", die die kürzest mögliche Verbindung zweier Punkte der Raum-Zeit darstellen. Dieser Begriff bildet eine offensichtliche Verallgemeinerung des üblichen Konzeptes einer Geraden.

9. Leben auf Neutronensternen

Zu dieser und den folgenden Übungsaufgaben ist zu bemerken, daß alle bekannten Lebensformen durch die übergroße Schwerkraft auf dem Stern nicht existieren könnten. Auch Bauwerke auf Neutronensternen müßten aus hypothetischer „Supermaterie" bestehen, um nicht vom enormen Schwerefeld zum Einsturz gebracht zu werden.

Das Schrumpfen der Maßstäbe bleibt so lange unbemerkt, als sich das „Leben" im wesentlichen auf die Oberfläche des Neutronensterns beschränkt und weder Tief- noch Hochbauten errichtet werden und auch keine Flugzeuge in Verwendung stehen. Erst wenn z. B. ein Tunnel durch den Mittelpunkt des Neutronensterns (der ja nur etwa 20 km Durchmesser hat) gebohrt wird, stellt sich z. B. heraus, daß dieser Tunnel wesentlich länger ist, als der Umfang des Sterns es vermuten läßt.

12. Dichte und Druck im Inneren von Erde und Sonne

Aus der mittleren Dichte $\rho \approx 1000$ kg/m³ folgt mit Gl. (4.9)

$$p \approx \rho c^2 \cdot \frac{\Re}{R} \approx (10^3 \cdot 10^{17})\, 10^{-6}\, \mathrm{N/m^2} = 10^{14}\, \mathrm{N/m^2}.$$

Da für die Erde $\Re/R \approx 10^{-9}$ ist und die mittlere Dichte der Erde $\rho \approx 5000$ kg/cm³, folgt

$$p \approx 5 \cdot 10^{11}\, \mathrm{N/m^2}.$$

Diese Werte geben die Größenordnung des Drucks in Sonne bzw. Erde recht gut wieder (Bild 29).

14. Sternentstehung

Aus dem Jeans-Kriterium (Gl. (4.17)) folgt mit $\rho \approx 10^{-19}$ kg/m³ und $T \approx 100$ K die Bedingung $M > 10^4 M_\odot$. Dieses Resultat zeigt, daß Sterne nicht einzeln entstehen können, sondern in *Assoziationen.* Wenn eine Gaswolke von $10^4 M_\odot$ instabil wird und langsam kontrahiert, so steigt darin zunächst die Dichte an, so daß nach Gl. (4.17) immer kleinere Massen innerhalb der großen Gaswolke für sich instabil werden. Die Gaswolke zerfällt dadurch in eine Anzahl kleinerer Teilwolken, die zur Entstehung einzelner Sterne führen. Diese ersten Sterne heizen dann den Rest der Gaswolke auf und ionisieren dadurch den Wasserstoff (H-II-Region). Die weitere Entwicklung der Wolke und der darin eingebetteten Sterne ist in den Standardwerken zur Astronomie und Astrophysik ausführlich dargestellt (siehe Literaturverzeichnis).

15. Hochdruckphysik

Aus Gl. (4.35) folgt für $\rho = \rho_0$

$$p_0 = \frac{m}{\mu} \rho_0 c^2 \left(\frac{\rho_0}{\rho_c}\right)^{\frac{2}{3}} = \frac{m}{\mu} \rho_0 c^2 \alpha^2 \approx 10^{13}\, \mathrm{N/m^2}.$$

Diese Drücke können im Laborexperiment nicht erreicht werden, da dann auch die atomare Struktur der Meßanordnung zerstört würde.

16. Planetenradien

Aus $M \approx \rho_0 R^3$ folgt

$$R_p \approx \left(\frac{M_p}{\rho_0}\right)^{\frac{1}{3}} \approx 10^8\, \mathrm{m}.$$

Der Radius des Jupiter ist $7 \cdot 10^7$ m.

17. Die Massen der Hauptreihensterne

Da für einen stabilen Stern der Strahlungsdruck kleiner als der Gasdruck sein muß, gilt

$$p_R \approx \frac{(kT)^4}{(\hbar c)^3} < p = \frac{kT}{\mu} \rho \qquad (1)$$

oder

$$\left(\frac{kT}{\hbar c}\right)^3 < \rho/\mu. \qquad (2)$$

Mittels der Gleichgewichtsbedingung

$$\frac{kT}{\mu c^2} \approx \frac{\mathcal{R}}{R} \tag{3}$$

können wir kT aus Gl. (2) eliminieren

$$\left(\frac{kT}{\hbar c}\right)^3 = \left(\frac{\mathcal{R}}{R} \cdot \frac{\mu c}{\hbar}\right)^3 < \frac{\rho}{\mu}. \tag{4}$$

Daraus folgt eine Ungleichung für den Schwarzschildradius

$$\mathcal{R}^3 = \frac{G^3 M^3}{c^6} < \frac{(\rho R^3)}{\mu} \cdot \frac{\hbar^3}{\mu^3 c^3} = M \frac{\hbar^3}{\mu^4 c^3} \tag{5}$$

und damit

$$M^2 < \frac{\hbar^3 c^3}{\mu^4 G^3} = \alpha_G^{-3} \mu^2 = M_C^2. \tag{6}$$

18. Planeten und Monde

Die elektromagnetische Bindungsenergie (Kohäsionsenergie) eines Körpers, der aus N Atomen besteht, ist $N \cdot \epsilon$, wobei $\epsilon \approx 1$ eV ist. Diese Bindungsenergie ist kleiner als die durch Gravitation bewirkte Kohäsion, falls

$$N\epsilon \lesssim \frac{GM^2}{R} = \frac{GM}{R} \cdot (N\mu A). \tag{1}$$

Aus (1) folgt

$$\frac{M}{R} \approx M^{\frac{2}{3}} \rho^{\frac{1}{3}} > \frac{\epsilon}{\mu A G} \tag{2}$$

oder

$$M > \left(\frac{\epsilon}{\mu A G}\right)^{\frac{3}{2}} \frac{1}{\sqrt{\rho}}. \tag{3}$$

Mit

$$\rho \approx \rho_P \approx \frac{\mu}{r_B^3} = \mu \alpha^3 \left(\frac{mc}{\hbar}\right)^3 \tag{4}$$

ergibt sich

$$M > \left(\frac{\epsilon \hbar}{\mu^2 A G \alpha^2 mc}\right)^{\frac{3}{2}} \mu = M_C \alpha^{\frac{3}{2}} \left(\frac{\epsilon}{A \alpha^2 mc^2}\right)^{\frac{3}{2}}.$$

Da $\alpha^2 mc^2 = 27$ eV die doppelte Bindungsenergie des Grundzustandes des Wasserstoffatoms ist, folgt der im Text angegebene Wert.

19. Formen und Kugeln

Aus

$$\frac{H}{R} < \frac{\epsilon R}{\mu A M G} \tag{1}$$

folgt mit $M \approx \rho_0 R^3$

$$\frac{H}{R} < \frac{\epsilon}{\mu A \rho_0 R^2 G} = \left(\frac{R_m}{R}\right)^2. \qquad (2)$$

Dabei ist $R_m^2 = \epsilon/\mu A \rho_0 G \approx (1000 \text{ km})^2$. (Ein genauerer Wert ist $R_m \approx 300$ km.)

20. Rotation

Die angegebenen Bedingungen gelten nur dann, wenn die Kohäsionsenergie des Körpers durch Gravitationseffekte dominiert wird, da in Gl. (5.8) als einzige anziehende Kraft die Gravitation berücksichtigt ist. Aufgabe 18 zeigt, daß dies für $M > 10^{22}$ kg erfüllt ist. Für Weiße Zwerge ist $\tau_{Rot} > 1$ s.

23. Rotation

Damit das Objekt unter der Wirkung der eigenen Schwerkraft nicht kollabiert, muß

$$v^2 = \frac{GM}{R} \qquad (1)$$

gelten. Daraus folgt mit $M \approx \rho R^3$, $T_R \approx R/v$, für die Rotationsdauer $T_R = (G\rho)^{-1/2}$. Aus Gl. (1) ersieht man, daß die Rotationsgeschwindigkeit $v \propto R^{-1/2}$, falls M nicht von R abhängt. Dies ist z. B. im Sonnensystem der Fall, bei dem nur die Masse der Sonne wesentlich ist, während diejenige der Planeten dagegen vernachlässigt werden kann. Für Objekte, die eine annähernd homogene Dichteverteilung aufweisen, ist dagegen $M = \rho R^3$, $v = \sqrt{G\rho} R \propto R$. Beide Fälle sind für Aufgabe 24 von Bedeutung.

24. Rotation der Milchstraße

Die Rotationskurve zeigt für $R < 20\,000$ Lichtjahre einen annähernd linearen Anstieg, wie er in Aufgabe 22 für Objekte homogener Dichte errechnet wurde. Für größere Radien ist v dagegen etwa durch $v^2 \approx GM/R$ gegeben. Dies deutet darauf hin, daß die Hauptmasse der Milchstraße in einem Gebiet $R < 2 \cdot 10^4$ Lichtjahren enthalten ist. Die Masse der Milchstraße folgt aus

$$M \approx \frac{R v^2}{G} \approx 2 \cdot 10^{41} \text{ kg} \approx 10^{11} M_\odot$$

Die in Bild 42 angegebene Rotationsgeschwindigkeit der Milchstraße wird mit Hilfe des Doppler-Effekts bestimmt. Dabei wird die Frequenzverschiebung der 21-cm-Linie des Wasserstoffs gemessen.

25. Ist die Singularität vermeidbar?

Wenn der Kollaps einmal jenseits des Schwarzschildradius fortgeschritten ist, können auch beliebig starke Kräfte ihm nicht Einhalt gebieten. Der Grund hierfür ist aus Bild 43 abzulesen: Da der Lichtkegel für $r < \mathcal{R}$ einwärts geneigt ist, kann das Teilchen nur nach innen fallen und nicht vor $r = 0$ zum Stillstand kommen, da Linien $r = \text{const.} < \mathcal{R}$ außerhalb des lokalen Lichtkegels fallen.

26. Dichte beim Schwarzschildradius

Aus

$$\mathcal{R} \approx \frac{GM}{c^2} = R \approx \left(\frac{M}{\rho}\right)^{\frac{1}{3}}$$

folgt

$$\rho = \frac{c^6}{G^3 M^2}. \tag{1}$$

Große Massen erreichen bereits bei sehr kleinen Dichten den Schwarzschildradius. Die relevanten Daten folgen aus Gl. (1), wenn wir diese Gleichung in die Form

$$\rho = \frac{c^6}{G^3 M_\odot^2} \cdot \left(\frac{M_\odot}{M}\right)^2 \approx 10^{20}\ \text{kg/m}^3 \left(\frac{M_\odot}{M}\right)^2.$$

Für $M = 10^{11}\, M_\odot$ (Galaxis) erhalten wir z. B. $\rho \approx 10^{-2}$ kg/m³.

28. Radialer Fall

Wenn man ein Teilchen an der Schnur herabläßt, wird es den Punkt $r = \mathcal{R}$ erst später erreichen als im freien Fall (da die Schnur verzögernd wirkt). Da aber bereits im freien Fall $r = \mathcal{R}$ erst zur Zeit $t = \infty$ (gesehen vom Außenraum) erreicht wird, kommt auch das Teilchen an der Schnur jedenfalls nie über $r = \mathcal{R}$ hinaus. Daher wird $E_R(\mathcal{R}) = -mc^2/2$ die Obergrenze für die auf diese Weise zu gewinnende Energie bilden. Dieses Resultat gilt jedoch nur der Größenordnung nach; ganz allgemein kann man zeigen, daß nie mehr als die Ruhenergie aus einem Teilchen durch Herablassen in ein Gravitationsfeld gewonnen werden kann. Daher ist das im Text angedeutete „Perpetuum Mobile" unmöglich.

29. Erzeugung von Gravitationswellen

Mit $\omega \approx 10^3\,\text{s}^{-1}$, m ≈ 10 kg, $r \approx 1$ m erhalten wir $P \approx 10^{-33}$ W. Da die Rotationsenergie E_R einer derartigen Anordnung etwa $E_R \approx 10^7$ W s beträgt, wird ein wesentlicher Bruchteil der Energie nach

$$T \approx \frac{E_R}{P} = 10^{40}\ \text{s}$$

abgestrahlt.

30. Gravitationswellen im Sonnensystem

Da die kinetische Energie der Erde bzw. des Mondes $E_K = mv^2 \approx m\,MG/r \approx (mc^2)\,\mathcal{R}_1/r$ beträgt, erhalten wir für die gesuchte Zeit τ, nach der 1 % dieser Energie abgestrahlt werden,

$$P \cdot \tau = (mc^2)\,\frac{\mathcal{R}_1}{r} \cdot 0{,}01. \tag{1}$$

Mit (8.11) folgt

$$\tau \approx 0{,}01\, mc^2\, \frac{\mathcal{R}_1}{r}\, \frac{G}{c^5} \left(\frac{r}{\mathcal{R}_1}\right)^3 \left(\frac{r}{\mathcal{R}_2}\right)^2 \approx 0{,}01\, \frac{r}{c} \left(\frac{r}{\mathcal{R}_2}\right)^2 \left(\frac{r}{\mathcal{R}_1}\right)^2. \tag{2}$$

Für das System Erde Sonne ist $\tau \approx 10^{30}$ s.

31. Kosmologisches Prinzip

Die Schwierigkeit bei der Überprüfung des kosmologischen Prinzips liegt offenkundig darin, daß wir das Weltall nur von einer Stelle aus sehen können und daher nur indirekte Evidenz darüber gewinnen können, welchen Anblick es von anderen Stellen aus bietet. Durch Zählung von Galaxien in verschiedenen Richtungen kann man aber Evidenz für die *Isotropie* des Universums gewinnen, die allerdings nicht allzu genau ist. Die beste experimentelle Bestätigung der Isotropie des Universums wird durch die kosmische Hintergrundstrahlung gegeben, die in Abschnitt 10.1 näher beschrieben wird.

32. Extraterrestrisches Leben

Diese Übungsaufgabe soll hier nur ein Problem anschneiden, das dann in Abschnitt 10.4 seine Beantwortung findet.

33. Zum Olbersschen Paradoxon

Nein, da dann die Integration nur über einen Bereich von einigen Milliarden Lichtjahren auszuführen wäre und daher ein endliches Resultat ergibt.

34. Überlichtgeschwindigkeit und Relativitätstheorie

Die spezielle Relativitätstheorie verbietet, daß sich in einem Inertialsystem Körper bzw. Signale mit Überlichtgeschwindigkeit bewegen. Dies ist hier nicht der Fall, da der Raum selbst expandiert, das heißt, die lokalen Inertialsysteme sich von uns wegbewegen. Wegen des Welthorizontes weist keine Galaxis eine meßbare Überlichtgeschwindigkeit auf.

35. Newtonsche Kosmologie

Die Newtonsche Kosmologie ist tatsächlich ein sehr geschickter Schwindel an der Grenze mathematischer Legalität. Wir haben angenommen, daß die Massenverteilung außerhalb der in Bild 65 betrachteten Kugel nicht zur Massenanziehung beiträgt. Zur Begründung könnte man das bekannte Theorem heranziehen, daß eine kugelförmige Massenverteilung kein Gravitationsfeld in ihrem Inneren hervorruft. Aber gilt dies auch für unendliche Massenverteilungen? Tatsächlich ist das Newtonsche Gravitationspotential U einer homogenen, unendlichen Massendichte in jedem Punkt $U = \infty$. Da die Kraft aber grad U ist, kann durch geschickte Manipulation die Unendlichkeit vermieden werden und ein korrektes (das heißt mit der allgemeinen Relativitätstheorie übereinstimmendes) Resultat erzielt werden.

36. Frühes Universum

Am Beginn der Expansion dominiert die kinetische Energie. Die Raumkrümmung k beeinflußt den Expansionsverlauf erst dann, wenn kinetische und potentielle Energie von gleicher Größenordnung werden.

37. Modelle des Universums

Bei einer Erklärung der Flächen als zweidimensionale Modelle des Universums wird sehr oft die Frage gestellt, was die dritte Dimension im Modell bedeute. Wohin krümmt sich der Weltraum? Was ist außerhalb der Fläche? Um diese Schwierigkeiten zu vermeiden haben wir hier die Flächen als mathematische Modelle für Schnittflächen durch das Universum dargestellt.

38. Dauer des frühen Universums

Mit Gl. (10.7) folgt aus Gl. (10.10) $t_S \approx 10^{12}$ Jahre und daraus für das Ende der strahlungsdominierten Zeit, also die Dauer des frühen Universums, etwa 1 Million Jahre.

39. Zufall oder Notwendigkeit: Das Titius-Bode-Gesetz

Wir wollen uns hier darauf beschränken einige neue Werke zu zitieren:

„Zweifellos ist die spektakulärste Eigenschaft des Sonnensystems, daß die Radien der Planetenbahnen keine zufälligen Abmessungen haben. ... (diese Reihe) ist so regulär, daß keine Kosmogonie, die diese Regel unerklärt läßt, akzeptabel ist.“ (*Berlage*, p. 5)[1])

---

[1]) *Berlage, H. P.: The Origin of the Solar System.* Pergamon, Elmsford/N.Y. 1968.

„Die Theorie muß die Gesetzmäßigkeiten in den Bewegungen der Planeten, ihrer Abstände von der Sonne (Bodes Beziehung) und ihre physikalischen Eigenschaften erklären.“ (*Struve*, S. 259)[2])

Meyers Handbuch über das Weltall erwähnt die Titius-Bode-Beziehung nicht.

„Es handelt sich um eine von *Titius* 1766 gefundene empirische Zahlenfolge ..., die aber in Wirklichkeit eine zufällige Beziehung darstellt.“ (*Müller*, S. 60)[3])

„Das sogenannte Bodesche Gesetz ist kein physikalisches Gesetz, sondern nur eine bequeme Regel.“ (*Whipple*, S. 93)[4])

Zufall oder Notwendigkeit? Muß jedes Planetensystem die Titius-Bode-Regel erfüllen? Wir wollen es dem Leser überlassen, ob und wie man an einem einzelnen Objekt, wie es das Sonnensystem darstellt, zufällige und notwendige Eigenschaften voneinander trennen kann.

---

2) *Struve, O.: Astronomie. Einführung in ihre Grundlagen.* 3. Auflage, de Gruyter, Berlin 1967.

3) *Müller, R.: Astronomische Begriffe.* Bibliographisches Institut, Mannheim 1964.

4) *Whipple, F. L.: Earth, Moon and Planets.* Harvard University Press, Cambridge/Mass. 1968.

Literaturverzeichnis

Hier kann nur ein kleiner Ausschnitt aus der umfangreichen Lehrbuchliteratur erwähnt werden, wobei vor allem Paperbackausgaben (mit Stern * versehen) berücksichtigt wurden.

1. Spezielle Relativitätstheorie

Sexl, R. U./H. K. Schmidt, *Raum-Zeit-Relativität*.
Vieweg, Braunschweig 1978.

French, A. P., *Die spezielle Relativitätstheorie. M.I.T. Einführungskurs Physik*.
VIII, 287 S., Vieweg, Braunschweig 1971.*
Ein ausgezeichnetes Standardwerk.

Kaczer, Claude, *Einführung in die spezielle Relativitätstheorie*.
281 S., Kohlhammer/Berlin Union, Stuttgart 1970.*
Ebenfalls empfehlenswert.

Sexl, Roman/H. Urbantke, *Relativität, Gruppen, Teilchen*.
Springer, Wien 1975.
Ausführlich; mit historischen und erkenntnistheoretischen Anmerkungen.

2. Exakte Darstellungen der allgemeinen Relativitätstheorie

Misner, Charles W./K. Thorne/J. Wheeler, *Gravitation*.
W. H. Freeman, San Francisco 1973.
Eine ausgezeichnete Darstellung (ca. 1280 S.!).

Rindler, Wolfgang, *Essential Relativity: Special, General and Cosmological*.
2. Aufl., Springer, Heidelberg/New York 1977.
Eine klare und didaktisch hervorragende Einführung in die spezielle und allgemeine Relativitätstheorie.

Sexl, Roman/H. Urbantke, *Gravitation und Kosmologie*.
2. Auflage, Bibliographisches Institut, Mannheim 1980.*
Eine kurze Einführung in die Grundlagen.

Weinberg, Steven, *Gravitation and Cosmology. Principles and Applications of the General Theory of Relativity*.
Wiley, New York 1972.
Enthält eine ausführliche Analyse der Experimente zur Relativitätstheorie.

Ohanian, Hans C., *Gravitation and Spacetime*.
Norton, New York 1976.

Bücher, die vor 1968 erschienen sind, sind wegen der rapiden Entwicklung der letzten Jahre nur als Zusatzlektüre zu empfehlen.

3. Allgemeine Astronomie, Astrophysik

Calder, Nigel, *Das stürmische Universum. Die Revolution im astronomischen Weltbild*.
König, München 1973.*
Sehr populäre, aber gute Darstellung.

Gingerich, Owen (ed.), *New Frontiers of Astronomy: Readings from Scientific American.* W. H. Freeman, San Francisco 1977.*

Inhaltlich und graphisch ausgezeichnete Artikel.

Hermann, J., *dtv-Atlas zur Astronomie.* dtv, München 1973.*

Gut als Grundlage zur Lektüre des vorliegenden Buches verwendbar.

Schaifers, Karl/Gerhard Traving (Hrsg.), *Meyers Handbuch über das Weltall.* 5. Aufl., 781 S., Bibliographisches Institut, Mannheim 1973.

Allgemeinverständliche und präzise Information. Ein empfehlenswertes und preiswertes Standardwerk.

Voigt, Hans H., *Abriß der Astronomie.* Bibliographisches Institut, Mannheim.*

Ein Hochschultaschenbuch in Skriptumform.

4. Kosmologie

Schatzmann, E. L., *Die Grenzen der Unendlichkeit. Struktur des Universums.* Fischer Tb, Frankfurt 1972.*

Eine ausgezeichnete Einführung.

Sciana, Dennis W., *Modern Cosmology.* Cambridge University Press, New York 1971.

Betont besonders die Beobachtungsdaten.

Weinberg, Steven, *Die ersten drei Minuten.* Piper, München 1977.

5. Leben unter anderen Sonnen

Dyson, Freeman J., "The Search for Extraterrestrial Technology", in: Marshak, R. E. (ed.): *Perspectives in Modern Physics.* Krieger, Huntington/New York 1966.

Haber, Heinz, *Brüder im All. Die Möglichkeit des Lebens auf fremden Welten.* Rowohlt Tb, Reinbek b. Hamburg 1972.*

Macgowan, Roger A./F. I. Ordway, *Intelligence in the Universe.* 3rd. ed., Prentice-Hall, Englewood Cliffs/New York 1966.

Sagan, Carl (ed.), *Communication with Extraterrestrial Intelligence.* M.I.T. Press, Cambridge/Mass.

Sagan, Carl/I. S. Shklovsky, *Intelligent Life in the Universe.* Dell, New York 1968.*

Breuer, Reinhard, *Kontakt mit den Sternen.* Umschau Verlag, Frankfurt 1978.

Ferner: Zahlreiche Artikel in *Icarus*, International Journal of the Solar System (besonders Bd. 19, 1973).

Bildquellenverzeichnis

American Scientist, **57** (1969), p. 54
(Bild 75)

The Astrophysical Journal, **168** (1971), Plate L 2
(Bild 58)

ebd., **170** (1971), pp. 533, 534
(Bild 50)

ebd., **178** (1972), p. 12
(Bild 63)

ebd., **178** (1972), p. 21
(Bild 74)

Meyers Handbuch über das Weltall (s. Literaturverzeichnis), S. 482
(Bild 52)

ebd., S. 579
(Bild 79)

Novikov / Thorne, *Astrophysics of Black Holes*
One of the orange aid reprint series in Nuclear, Atomic & Relativistic Astrophysics. December 1972 (manuscript). Fig. 5.2.2.
(Bild 53)

ebd., **26** (1971), p. 1133
(Bild 23)

Physic Reports, **3C** (1972), p. 64
(Bild 40)

Witten (ed.), *Gravitation: an introduction to current research.*
John Wiley & Sons, Inc., New York–London 1962, p. 36
(Bild 9)

USIS Photo
(Bild 39)

Personenregister

Arrhenius 131

Bahcall, John 92
Bahcall, Neta 92
Bessel 52
Bode 132

Cameron 85
Campell 15
Clark 52

Darwin 104
Descartes 130
Dicke 4, 120

Eigen 130 f.
Einstein 3, 5, 8, 10, 12 f., 16, 21, 33, 95, 115
Eötvös 4

Galilei 4
Gamov 120

Hafele 24
Hewish 55
Hubble 3, 105 f.

Jeans 131
Jordan 8

Kant 70, 130 f.
Keating 24

Landau 55
Laplace 131
Lense 80
Lüst 131

Monod 130

Oppenheimer 55

Penzias 120 f.
Poincaré 131
Pound 11
Prigogine 130

Salpeter 127
Sandage 106 f.
Shapiro 31
Snider 11
Söldner 13

Thirring 80
Titius 132
Trumper 15

Volkoff 55

Weber 95, 99–101
Weizsäcker 131
Wilson 85, 120 f.

Sachregister

A

Abstand Erde-Venus 33
accretion disk 87
Anschauung 33–37
Äquivalenzprinzip 7 f., 37
atomare Struktur 53
ϵ-Aurigae 81–86

B

Barnards Stern 131
Bedeckungsveränderliche 85
Berge, Höhe auf Planeten 61
Bewegungsgleichung 108
Bezugssysteme, beschleunigte 8
Bohrscher Radius 53
Boltzmann-Konstante 45

C

Caesiumuhren 23 f.
Cepheiden 67
Chandrasekhar-Grenze 50, 56, 68
Compton-Wellenlänge 53
Corioliskräfte 87
Crab-Nebel 63, 71
Cygnus X1 80

D

Dichte 42
– des Universums 119
–, minimale 119
Dicke-Brans-Theorie 8
Dipolmoment 96
Doppelsternsystem 81 f., 95
Dopplermessungen 95
Dopplerverschiebung 81 f., 91, 93
Druck 42

E

Ebene 30
effektives Potential 76
Eigenzeit 76
Elektronen 46
Elementarteilchenphysik 38
Elemente, chemische 120
–, Häufigkeitsverteilung 126
–, schwere 126, 128
Energieäquivalent 45
Energiedichte des Gravitationsfeldes 18
Energiesatz 18, 76
Entwicklung, thermonukleare 71
Eötvös-Dicke-Experiment 4
Epochen 124
Erde-Venus, Abstand 33
Erkenntnis (a priori) 33
euklidische Geometrie 28
euklidischer Raum 115
Evolution des Universums 104
Evolutionseffekte 117
Expansion des Universums 3
Experiment
–, Eötvös-Dicke- 4
–, Hafele-Keating- 23, 26
–, Pound-Snider- 12
–, Shapiro- 16, 31–33
extraterrestrisches Leben 103

F

Fall, radialer 78
Farbenspiele 34
Fata Morgana 30, 35
Feinstrukturkonstante der Gravitation 50
–, Sommerfeldsche 50
Feldgleichungen 8, 26
Fermatsches Prinzip 30
Fermienergie 47, 55
Flächen konstanter Krümmung 114
Flächensatz 76
Flugzeug 25
Formen 61
Friedmann-Gleichung 110, 119, 124

G

Galaxien 126
–, Entstehung 129
–, Zählung 115
Gas, ideales 44

Gaswolke, Kontraktion 39
Gaswolken 38
gefrorener Stern 75
gekrümmte Raum-Zeit 21–38
gekrümmter Raum 28 f., 33–37
Geometrie, Riemannsche 3, 28
–, euklidische 28
gerade 16, 36
Gesamthelligkeit des Sternenhimmels 104
Gesetz, 2. Keplersches 16
Gleichgewichtsbedingung 38–42
Gleichungskette 43
Globulen 129
Gravitation, Feinstrukturkonstante 50
Gravitationsfeld 3
–, Energiedichte 18
– schwarzer Löcher 75–78
–, Uhren im – 37 f.
Gravitationskollaps 68, 72, 95
Gravitationspotential, Newtonsches 10
Gravitationswellen 95–101
–, Aussendung 95–98
–, Erzeugung 98
–, Messung 98–100
Gravitationswellenempfänger 99

H

Hadronen, Zeitalter 125
Hafele-Keating-Experiment 23, 26
Häufigkeitsverteilung
– der Elemente 126
– der Strukturen 126
Hauptreihensterne 44, 60
Helium 46
Hercules X1 90–92
HZ Herculis 92
Hertzsprung-Russel-Diagramm 45
Hintergrundstrahlung, kosmische 120
Hochdruckphysik 55
Horizont 108
Hubble-Gesetz 104–108
Hubble-Konstante 106, 111

I

Inertialsysteme 4–7
Instabilität 39
inverser β-Zerfall 55

J

Jeans-Kriterium 39, 44, 128

K

Kältetod 104
Kelvinsche Kontraktionszeit 43
2. Keplersches Gesetz 16
Kernreaktionen 120, 125
klassische Tests 9–20
Kohlenwasserstoffverbindungen 131
Koinzidenzen 100
Kollaps 65, 78
– der Milchstraße 68
– von Sternen 71
Kollapszeit 69
Kontraktion der Gaswolke 39
Kontraktionszeit, Kelvinsche 43
Kopernikanische Revolution 102
Kosmogonie 120
–, Grundfrage 60
Kosmologie 102
–, Newtonsche 110–112
kosmologische Modelle 103
kosmologisches Prinzip 102 f.
Kreisbahnen um schwarze Löcher 78
Krümmung 6
– der Raum-Zeit 34
– des Lichtstrahls 30
– des Weltraums 112
–, Flächen konstanter – 114
–, Räume konstanter – 112
Krümmungseffekte 117
Kugelhaufen 129
Kugeln 61

L

Ladungen 95
Lagrange-Punkt 87
Laufzeitvergrößerung 32
Leben 130
–, Entstehung 130
–, extraterrestrisches 103
– (im gekrümmten Raum) 34
–, intelligentes 132
–, Verbreitung 132
Leuchtkraft 75, 87 f.
Lichtablenkung 12–16, 30 f.
Lichtgeschwindigkeit, effektive 31

Lichtkegel 74
Lichtsignale 74
Lichtstrahl, Krümmung 30
Literatur, utopische 132

M

Magnetfeld 67, 78
Mariner 6 33
Mariner 7 33
Marssonden 33
Masse, träge und schwere 4, 8
Massenbestimmung für einen Neutronenstern 92
Massendefekt 42–44
-funktion 82 f.
-spektrum 50
-zunahme 17
Maßstäbe 26–30
–, Schrumpfen von – 30
Maßstab schrumpft 26
Materie, entartet 46
Mensch als Uhr 26
Mindest-Massendichte 118
Modelle, kosmologische 103
Mössbauer-Effekt 11
Monde 52–55, 61

N

Neutronen 56
-einfang 128
-stern 33 f., 36, 43, 55–58, 71, 98
Neutronensterne, Radien 58
–, Zivilisation auf – 36
Newtonsche Kosmologie 110–112
– Theorie 3
Newtonsches Gravitationspotential 10
Normaluhr 25
Notwendigkeit 130

O

Olberssches Paradoxon 103 f.

P

Paradoxon, Olberssches 103 f.
Pauliprinzip 46
Pendel 4
Perihel 17
-drehung 19
-verschiebung 16–20
Perpetuum Mobile 78
Perspektive 36
Phobos 61
Photon 122
Plancksches Wirkungsquantum 9, 51
Planeten 38, 52, 61
-radien 55
-system, Entstehung 130
Potential, effektives 76
Pound-Snider-Experiment 12
Prinzip, Fermatsches 30
–, kosmologisches 102 f.
Prozesse, thermodynamische 130
Pulsar 43, 55, 62–68
-physik 63
-perioden 63

Q

Quadrupolmoment 96
Quantenfeldtheorie 3
-mechanik 3
Quasar 15
–, Massenbestimmung 92

R

Radarsignal 31
radialer Fall 78
Radien der Neutronensterne 58
– weißer Zwerge 51
Radioteleskop 62
Radius, Bohrscher 53
Räume konstanter Krümmung 112
Raum, euklidischer 115
–, gekrümmter 28 f., 33–37
–, hyperbolischer 115
–, sphärischer 115
–, Struktur 28
Raumfahrer 26
-schiff 5
Raum-Zeit-Geometrie 30 f.
Raum-Zeit, Krümmung 3, 21, 32, 34
–, Schwingungen 95
Rauschen, thermisches 99
Relativitätstheorie, allgemeine 3, 8, 76
–, spezielle 3
Resonanzphänomene 99
Revolution, Kompernikanische 102
Riemannsche Geometrie 3, 28
Ring, semitransparenter 85

Röntgenquellen 86–90
-signale 91
-strahlen, Emission 89
Rotation 65, 71
– der Milchstraße 72
– der Sonne 131
Rotationsenergie 65
roter Riese 46
rotierende schwarze Löcher 78–80
Rotverschiebung 9–12, 21, 122
– der Spektrallinien 105 f.
–, Messungen 11
Rotverschiebungs-Entfernungsrelation, Korrekturen 116 f.

S

Selbstorganisation der Materie 130
semitransparenter Ring 85
Shapiro-Experiment 16, 31–33
Singularität 68, 72, 74 f.
Sirius B 52
Skalar-Tensor-Theorie 8
Sommerfeldsche Feinstrukturkonstante 50
Sonne, Schnittfläche durch – 27
–, Rotation 131
Sonnenoberfläche 22
-system 130
-wind 131
Spektrallinien, Rotverschiebung 105 f.
Spektrum entarteter Sterne 57
Sternaufbau 40
Supernova 64
-ausbrüche 43
-explosionen 71, 126, 128
Synchrotronstrahlung 96

Sch

Schallgeschwindigkeit 66
Schnittfläche, kosmische 113
schwarze Löcher 34, 68, 72, 74–87, 89, 92, 94 f., 98, 108
– –, rotierende 78–80
– –, Suche nach 80
schwarze Strahlung 88
Schwarzschildradius 10, 20, 74 f.
Schwerebeschleunigung 4
Schwingungen der Raum-Zeit 95

St

Stefan-Boltzmann-Gesetz 123
Sterne 38–61
–, nichtentartete 44 f.
–, normale 45
–, Spektrum entarteter – 57
–, veränderliche 66
–, Zeitalter 126
Stern, gefrorener 75
-entstehung 38–42, 44, 128
-haufen
Sternenhimmel, Gesamthelligkeit 104
Strahlung 122
–, Quelle 101
–, schwarze 88
–, thermische 120
–, Zeitalter 126
strahlungsdominiertes Universum 124
Strahlungsenergie 122
-spektrum 88
Struktur, atomare 53
–, Entstehung 120, 126
Strukturen, differenzierte 130
–, Entstehung 130
–, Häufigkeitsverteilung 126
– im Kosmos 58–61

T

Tests, klassische 9–20
Theorie
–, Dicke-Brans- 8
–, Newtonsche 3
–, Skalar-Tensor- 8
thermisches Rauschen 99
thermonukleare Entwicklung 71
Thirring-Lense-Effekt 80
Titius-Bode-Gesetz 132
Trägheitsgesetz 5

U

Überlichtgeschwindigkeit 108
Uhren 21–23
– im Gravitationsfeld 37 f.
-paradoxon 26
Uhr, Mensch als – 26
Uhuru, Satellit 90

Universum 3
–, Alter 106, 111
–, Dynamik 108
–, Evolution 104
–, Expansion 3
–, frühes 112, 120, 124
–, geschlossenes 118
–, homogenes 102–104
–, isotropes 102
–, nichteuklidische Struktur 115
–, sphärisches 115
–, strahlungsdominiert 123
Urknall 108, 111, 120
Urnebel 131
utopische Literatur 132

V

Venus 31
Abstand Erde-Venus 33
veränderliche Sterne 66
Verkehrsampeln 34
Virgo-Haufen 101
vorstellen 34

W

Wärmetod 104
weiße Zwerge 43, 49–55, 71
– –, Radien 51
Weltall, Struktur 119
-horizont 104–108
-maschine 130
-raum, Krümmung 112
Welteninsel 102, 104
Wirkungsquantum, Plancksches 9, 51

Z

Zeitalter der Hadronen 126
– der Sterne 126
– der Strahlung 126
Zeitdilatation 24
Zeitdilatationseffekte 26
Zeitmessung 31
β-Zerfall, inverser 55
Zivilisation auf Neustronensternen 36
Zivilisationen 63, 132
Zufall 130
Zusammenstoß-Hypothese 131
Zustandsgleichung 40
– des idealen Gases 45
– entarteter Materie 45–49
Zwergsterne, weiße 11, 82
Zwillingsparadoxon 26

Kurzbiographie der Autoren und Veröffentlichungen

Prof. Dr. Roman Sexl (1939–1986)

1957–1961	Studium der Physik und Mathematik an der Universität Wien
1961	Promotion an der Universität Wien
1967	Dozent an der Universität Wien
Positionen:	Assistent, Wien 1961/62 Institute for Advanced Study, Princeton 1962/63 Asisstant Professor, Seattle 1963 Research Associate, NYU 1963/64 Assistent, Wien 1964–66 Assistant Professor, Maryland 1967 Center for Theoretical Studies, 1967 Associate Professor, Georgia 1968 Professor und Vorstand für Theoretische Physik, Wien 1969–1986 Abteilungsleiter am Institut für Weltraumforschung der Österreichischen Akdemie der Wissenschaften 1972–1976 Mitglied des internationalen Komittees für allgemeine Relativitätstheorie und Gravitation 1974–1986 Mitglied des internationalen Komittees für Physikerziehung 1978–1986
Forschungsaufträge:	Interfacial Thermal Conductivity, NASA 1967–71 Lunar Thermophysics, NASA 1967–71
Publikationen:	*Relativitätstheorie*, Überreuter, Wien 1972 *Relativitätstheorie in der Kollegstufe*, Vieweg, Braunschweig 1973 *Gravitation und Kosmologie*, Bibliographisches Institut, Mannheim 1974 (mit H. Urbantke) *Weiße Zwerge – Schwarze Löcher*, Rowohlt, Reinbek bei Hamburg 1975 (rororo vieweg Bd. 14; zusammen mit H. Sexl) *Relativität, Gruppen, Teilchen*. Springer, Wien/New York 1975 *Physik 1–6*, Überreuter, Wien 1976–78 (zusammen mit I. Raab und E. Streeruwitz) *Relativitätstheorie*, Schulverlag Vieweg, Düsseldorf 1978 (mit H. K. Schmidt) *Raum-Zeit-Relativität*, Vieweg, Braunschweig 1978 (mit H. K. Schmidt) *Albert Einstein, Sein Einfluß auf Physik, Philosophie und Politik* (Herausgabe zusammen mit P. Aichelburg), Vieweg 1979 Herausgabe der Reihen *Facetten der Physik*, Vieweg, Braunschweig ab 1979 und *Edition Vieweg*, Vieweg, Braunschweig ab 1983 Zahlreiche Aufsätze

Dr. Hannelore Sexl

studierte Physik und Mathematik an der Universität Wien,
war Assistentin am Institut für Hochenergiephysik der Österreichischen Akademie der Wissenschaften und
Assistentin am Institut für Theoretische Physik der Universität Wien (Publikationen über Hochenergiephysik)
unterrichtet derzeit Physik und Mathematik an einem Wiener Gymnasium